做一個水水的女人

Woman

原書名：魅女人 人人愛

寵愛自己
讓妳魅力無窮的魔法書

張麗君◎著

魅力新主張

愛美是人的天性，人類對美的追求與執著幾乎可說是「亙古不變」，只是對美的定義各有不同。

例如昔日以裹小腳的婀娜體態爲美，今日卻以自然健康的神態受人歡迎。在瞬息萬變的二十世紀末，何謂「美」？如何在現今社會中做一個一百分的女孩，似乎更沒有標準了。

本書將爲妳解惑，並提供健康的實用守則。當此美容機構充斥、美容廣告天花亂墜、墜人人爭當最佳女主角之際，無疑是盞明燈，指引妳走上正確的道路，讓妳成爲眞正一百分的女孩。不必花大錢，使妳由上至下、由內到外脫胎換骨，漂亮到底。

全書十個篇章，包括日常生活的吃、喝、穿、妝、理、聞、洗、做、聽、笑，使妳從中體會生命的眞諦與美感，讓自己成爲一百分女孩。

目錄

美麗新主張 3
一、美，吃的出來 13
鹼性食物是美容的要素 14
蔬果促進肌膚柔滑 16
生食芝麻對皮膚有益 18
指甲龜裂要多喝牛奶和食用膠質食品 20
芋頭和南瓜可以使胸部豐滿 21
吃了蛋糕後應用水果解毒 23
戰痘健康飲食 24
身材苗條飲食法 26

二、美，喝的出來　29

睡前一杯水　30

飲用葉綠素果菜汁　31

紅蘿蔔汁可消除眼睛疲勞　35

喝茶不會使皮膚變黑　37

臉紅、鼻子紅怎麼辦　39

流鼻水時應喝果汁　40

有益美容健康的果菜汁材料　41

三、美，穿的出來　49

職業婦女的穿著　50

配色的效果　52

裙裝的萬種風情　54

身材矮小者的禁忌　56

絲巾的魅力表現 57
配件的使用 61
T恤永遠不嫌多 66
四、美，妝的出來 67
自然的眼部化妝 68
明眸絕招大公開 72
口紅的塗抹法 74
關於口紅的二、三事 76
粉底的選擇 78
塗腮紅的要領 80
彌補缺點的技巧 82
指甲的美容及保養 84
圓臉也可以表現出成熟美 88

有個性的方臉 91

五、美，理的出來 95

整理頭髮始自頭皮 96

選擇合適的髮型 98

維持髮型的方法 101

自助鬈髮不求人 103

燙髮的基本知識 106

染髮的注意事項 108

頭髮稀少的障眼法 110

特殊時候的非常洗髮 112

不要怕麻煩而不潤絲 114

梳頭髮也有學問 115

六、美，聞的出來 117

依個性選香水 118
香水的使用須知 121
香水的不當用法 123
香水在日常生活中的利用 125
七、美，洗的出來 127
香皂和霜膏的用法 128
卸妝讓皮膚休息 130
衛生洗澡方法 131
出浴時沖冷水有益肌膚保健 134
洗澡刷的用法 136
洗臉戰痘法 138
顏面大掃除 141
蒸氣美容 144

八、美，做的出來 147

做家事可減肥保持好身材 148

自己動手刷油漆 150

釘釘子不必用力搥 152

擦出光亮與潔淨 154

保持皮鞋的美觀 157

杯子的清洗 159

享受烹調之樂 161

維持美麗與健康 163

九、美，聽的出來 165

善於傾聽有人緣 166

體諒對方的立場 168

不要嘮叨不休 170

爲了求知多閱讀 172
多充實自己 174
多嘴也是種謊言 175
問東問西惹人嫌 177
說 Yes、說 No、說 Thanks 179
發揮聲音的魅力 181
如何使自己健談 183
讓人願意聆聽妳說話 185
十、美，笑的出來 187
眞摯的微笑 188
情感的表示 190
禮貌、直爽、開朗 191
機智風趣的談話 193

美就是臉上掛著笑容　195
怎麼笑才美　197

〈附錄〉聽聽別人，想想自己　199

名家眼中的女人　200
男人對美的定義　215

一、美，吃的出來

△鹼性食物是美容的要素

如果忽略食物和美容的密切關係，肯定漂亮不起來。

時代進步，女性也在職場中與男性爭天下，有時難免覺得自己好辛苦，於是往往會藉些名目，邀齊三五好友，大快朶頤一番，做爲自己努力工作的犒賞。

既然要吃得痛快，一定不會只吃些蔬菜、水果；而蛋糕、火腿、牛肉、乳酪、蛋類、貝類、油炸食品或麵粉製品等，是絕對少不了的。這些食品吃多了，體內的血液就會偏向酸性，阻礙血液循環，影響新陳代謝，對皮脂質和汗液的分泌、排泄也造成不良的影響，形成皮膚的大敵，於是皮膚會變得敏感、脆弱、粗糙，無疑是皮膚的莫大浩劫。

因此，愛美的女性務必三思而後「吃」，尤其多食用如：蔬菜、水果、馬鈴薯、海藻、豆類、牛蒡等鹼性食物。

千萬不要因此而覺得掃興，其實仍有許多標榜健康、自然的食物，值得品嚐；另外，吃不成高脂、高糖分的蛋糕，吃紅豆餡的銅鑼燒也不錯，至少紅豆含有維生素B，能消除疲勞，有助健康，可同時解除工作緊張的壓力，又能達到美容效果，一舉兩得。

△蔬果促進肌膚柔滑

最近很流行所謂的「果酸換膚」，許多女性希望藉此擁有白皙美麗的肌膚，卻往往因爲操之過急或使用不當，因過度刺激，而導致皮膚灼傷。

其實，只要促進肌膚的新陳代謝，就可以讓皮膚變得白嫩。如果能利用「三溫暖」或「蒸氣浴」更好，在這些地方，先將身體浸入微溫的水中，使體溫完全恢復到常態，再進入「三溫暖」室，如此反覆進行，頗具成效。當然，若是在自己家中，則不妨在入浴之際用力摩擦皮膚，一方面可增進血液循環，另一方面使皮膚變薄，在不知不覺中促進皮膚的新陳代謝。

如果想保持肌膚光滑，每天最好食用綠、黃、紅三種顏色的蔬果。

綠色蔬果可增進內臟健康，有青椒、萵苣、茼蒿等；黃色有清血的作用，像高麗菜、南瓜、香瓜、地瓜等皆是；紅色能增加人體的抵抗力，如紅蘿蔔、番茄、草莓、蘋

果等。

套句流行的廣告語：吃了這些蔬果，妳的人生將是彩色的！

△生食芝麻對皮膚有益

蛋黃酥上常會灑上幾粒芝麻，一方面做爲區別種類之用，一方面又當作裝飾，十分俏皮可愛。

但妳可知道小小的芝麻粒，裡頭卻蘊含豐富的複合脂質等多種有益於皮膚的成分。像是以亞麻仁油酸爲首的良脂成分、蛋白質、鈣質、磷質及維生素等等。

值得注意的是，炒過的芝麻固然比較香，營養價值卻會流失，所以，家庭主婦在菜餚中加芝麻時，最好半數是炒過的、半數是生的。

生食芝麻除了對皮膚有益之外，也可以使秀髮更爲烏黑亮麗。但千萬不可大量食用，囫圇亂吃。

春、夏二季，每天二分之一小匙即可；秋、冬二季，可多吃一些，但也以一匙爲限。如果吃得太多反而會引起頭髮掉落，不可不慎！

希望秀髮烏黑亮麗，肌膚饒具光澤，除了芝麻之外，還應該多吃豆類、葡萄等植物性蛋白質和葉綠素含量豐富的綠色蔬菜，以及海帶、貝類等富含鈣質的食物。

△指甲龜裂要多喝牛奶和食用膠質食品

前幾天以刨刀削梨皮時，一不小心將無名指的指甲削去了一小段，霎時間是又痛又氣。妳是否曾因做家事而弄斷了修飾得美美的指甲呢？這都純屬意外，以後小心一點就可以避免了。

如果是因爲營養不良，指甲才會脆弱斷裂，這個時候就應該多喝牛奶、多吃海藻類食物以補充鈣質、膠質等營養。平時則塗抹面霜，以保持指甲光滑及潤澤。做家事，刷洗碗筷、廚具時，則可戴上橡皮手套。

附帶一提的是塗指甲的要訣：在腳趾上塗指甲油時，必須先在腳趾間夾上脫脂棉，以免互相碰觸。塗指甲油時，切忌一層一層地往上塗，先將適量的指甲油塗在指甲正中間，然後塗右邊，再塗左邊，只要塗一層就可以了。塗太多層時，就會失去光澤，乾了之後也會顯得不均勻。

△芋頭和南瓜可以使胸部豐滿

只知道在「灰姑娘」的童話故事中，南瓜可以變成豪華馬車，沒想到吃南瓜也能使麻雀變鳳凰。也就是說胸部扁平的人，如果希望變得豐滿動人，就非吃南瓜、芋頭、馬鈴薯、地瓜等等澱粉類食物不可。

此外，維生素B、C含量豐富的生菜和柑桔類也宜多吃。只要注意妳的飲食，乳腺分泌自然發達，乳房也將永保彈性和豐滿，不致下垂老化。平日的按摩動作也是一種很好的保養，並可藉此自我檢查，以避免乳癌的發生。

健胸與美臀幾乎是密不可分的，如果妳希望自己的臀部曲線動人，應該少吃甜食，多吃芝麻、葡萄、花生油等含植物性脂肪的食物。每天也應多吃生菜、水果及海藻。

人總是不滿足的，當妳有了豐胸、美臀之後，又會希望擁有高眺的身材，於是妳會問：「是否有增高的食物呢？」

答案是肯定的。

有酸味的水果、生菜、海藻、蝦、蟹、貝類等食物都能促進發育、增加身高。簡單地說，必須多吃含有膠質的鹼性食品，並盡量避免含有脂肪的酸性食品。尤其在十五歲到二十歲的階段，應該攝取多方面的營養，並多做運動，就有長高的機會。

△吃了蛋糕後應用水果解毒

蛋糕的造型多，口味也多樣，看了令人垂涎欲滴。年輕人受不了「誘惑」，常會經不住多吃了。尤其是巧克力，更是欲罷不能。要知道這種食物含有豐富的糖分、脂肪，會帶給身體極大的負擔。

飲食方面應盡量節制，如果一時忘情而多吃了些，那麼吃完後，多補充含有維生素B的草莓、葡萄、蘋果等，以使身體的酸鹼性保持平衡。

這是一種補救的解毒方法，就像是吃西餐時，都會搭配喝些葡萄酒，吃肉時喝紅葡萄酒，吃魚時喝白葡萄酒。因爲葡萄酒有分解動物性脂肪之毒性的功效。

紅葡萄酒可分解肉類脂肪，白葡萄酒能分解魚類脂肪，同時有去毒的功效。少量的酒精會促進新陳代謝，對於養顏美容仍是有點幫助的。

△戰痘健康飲食

每個人都只要青春不要痘，然而未必人人都能如願。在各年齡層都有機會冒出痘痘，像是精神焦慮、工作壓力、情緒不穩、睡眠不足等，都可能導致青春痘的發生。為了防止滿臉豆花的慘狀，除了要保持精神的穩定、避免多餘的營養、充分的休息之外，三餐的攝取方式也很重要。

早餐很重要，應該要吃含熱量較高的食物，尤其需要攝取澱粉、無機質和維生素（維生素B_2、B_6特別重要）等營養以補充體力。

餐後要吃水果，一方面可以幫助消化，另一方面也可以使血液保持鹼性，促進血液循環。

中餐也應該多吃富含澱粉類的食物及水果。晚餐則應多吃綠色蔬菜及含有植物性蛋白質及脂肪類的食物。

如果你的臉上有了青春痘，那就盡量少吃動物性蛋白質和脂肪之類的食物，而應該多吃如萵苣、茼蒿、荷蘭芹等綠色蔬菜和含維生素B_2、B_6的水果。這些蔬果都能使血液變成鹼性，可以醫治臉上的青春痘，水果中的柑桔類尤其適宜。

因爲飲食偏向酸性時，肝臟和小腸的功能都會降低。小腸的功能退化後，營養的吸收力也隨之減弱，引起皮膚的過敏；加上肝臟的功能不正常時，肝臟所該分解的脂肪未能完全燃燒和分解，一直貯藏在肝臟內，而促使乳酸的產生，乳酸在皮膚上產生作用，結果就會長出瘡或青春痘。

△身材苗條飲食法

炎炎夏日是穿泳裝戲水，展示姣好身材的季節，如何使自己看起來苗條可人，似乎是每位女性最重要的課題。以下便是利用飲食法雕塑完美曲線的訣竅。

・三餐不均是最大的禁忌

有許多人習慣不吃早餐，中餐則吃得很飽。殊不知結果與兩餐都吃的人所攝取的熱量一樣，但一次吃得太多，就會形成皮下脂肪而造成肥胖。

・吃的速度不要太快

吃同量食物時，細嚼慢嚥的人比狼吞虎嚥的人容易覺得飽。飲食習慣雖然不易改善，但是既然希望擁有苗條身材，從現在開始就要學著細嚼慢嚥。

・睡前二小時不宜進食

大多數肥胖的人都嗜吃零食，晚上也有吃消夜的習慣，如果吃下去的食物都變成熱量，並運動消耗掉，那也無可厚非；但晚上吃過東西後，通常就要休息就寢了，所以無形中就胖了起來。

・多吃維生素豐富的檸檬

我們都知道吃檸檬有助養顏美容，但爲防止過酸而引起胃痛，最好以水調之飲用，但忌放糖，否則身材還是會走樣。

二、美，喝的出來

△睡前一杯水

有人說：女人是水做的。想做個「水噹噹」的女人，補充水分是絕對不可缺少的。

上床之前，無論如何都務必喝一杯水，此時此刻的這杯水是不容小覷的美容聖品。待妳沉沉睡去之後，那杯水將滲透到每個細胞裡，細胞吸收水分後，再加上充足的睡眠，早晨起床就可發覺皮膚更嬌柔細緻，整個人容光煥發。

人過中年，皮膚便會呈現乾燥、鬆弛等老化現象。這時的應變措施是適量的補給水分和油脂。所以一定要養成喝水的習慣。除了上床之前，沐浴前也不妨先喝一杯水，因爲沐浴時的汗量爲平常的兩倍，體內的新陳代謝加速，補充水分可使全身的每一個細胞都能吸收到，進而創造出光潤細柔的肌膚。

提供一個小偏方：浸泡檸檬水！沉浸在檸檬的芳香中，就能消除一天的疲勞，皮膚也會變得更美。

△飲用葉綠素果菜汁

在物資缺乏的年代，想要吃塊肉，非得等到逢年過節不可。而現代人則是肉吃得太多，導致酸性體質，對於身體健康妨害甚大，也對美容有不良的效果；像是黑斑、雀斑的出現，容易生出痣來，皮膚轉呈黑色等等。

每一位女性都希望自己有光澤白細的皮膚，不要長雀斑、皺紋、面皰等。如果僅依賴化妝品之類的外在美容，對眞正的美是助益不大的。要從內向外散發女性魅力，那才是眞美。

以下介紹幾種養顏美膚的果菜汁，常喝可以防止皮膚乾燥，預防面皰、疙瘩的產生，並能使妳擁有一頭烏溜溜的秀髮。

．可美化肌膚的綠色果菜汁

將蘋果、油菜、荷蘭芹等一起打汁，然後加入檸檬汁即可。

綠色果菜汁含有豐富的胡蘿蔔素和維生素B_1、B_2、C。

除了油菜之外，如生菜、萵苣、高麗菜都可當作材料，對於面皰、粉刺等有治療的功效。

・能保護皮膚的草莓蔬菜汁

將草莓去蒂後，和芹菜、油菜、綠蘆筍、蘋果等材料混合打汁，最後再加入檸檬汁及奶粉調和即可。

此類果菜汁中，維生素B_1、C的含量豐富，因此皮膚乾燥的人宜多喝。此外，對於抵制皮膚的衰老、過敏症、黑斑、雀斑也頗具功效。

・可防止浮腫的西瓜小黃瓜汁

將西瓜去皮和小黃瓜一起打汁即可。

發現有浮腫現象時，飲用西瓜、小黃瓜汁可以消腫；如果浮腫情形非常嚴重，則早、晚各喝一次。對於因心臟病、高血壓、腎臟病而引起的暈眩，也非常有效。

·對治療輕微貧血有效的菠菜蘋果汁

將蘋果、菠菜一起榨汁，然後加入檸檬汁。

每天只喝菠菜汁是不夠的，另外也可用油菜或茼蒿菜來榨汁；材料的變化可增加各種養分的攝取。

這種飲料的維生素A和鐵質含量極豐富，可以加強抵抗力，對治療貧血更具功效。

·能防止頭髮脫落、分叉斷裂的萵苣胡蘿蔔汁

將萵苣、胡蘿蔔、蘋果等一起打汁，再加入檸檬汁即可。

這類果菜汁能幫助髮根的正常發育，保護秀髮，使之光澤而柔美。夏天頭髮易掉落、分叉，這類果菜汁是不可缺少的飲料。

·可治白髮的蔬菜汁

將茼蒿、荷蘭芹、沙拉菜等清洗乾淨，再以研缽磨碎，加上黑芝麻一茶匙，攪拌一下。每天早晚各吃少量，頭髮就會變黑。此外，多喝蔬菜汁，血液也會變成弱鹼性，有返老還童的功效。

△紅蘿蔔汁可消除眼睛疲勞

眼睛是靈魂之窗，能傳達內心的種種意念，如果疲勞過度就會黯淡無光，讓自己顯得無精打彩，直接影響外在的形象。況且眼睛疲勞對頭髮和身體也有不好的影響。

如果你覺得眼睛過度使用，就應該用一條紅蘿蔔、半個蘋果、檸檬三分之一個，及少量蜂蜜，共同打成果汁飲用，充分攝取維生素A。

另外，要想保持牙齒的美觀，則必須避免攝氏五十度以上的餐食，因爲食物過熱有害牙齦。

希望有一口健康的牙齒，每天就要多喝牛奶，多吃含有大量鈣質的海藻或蝦、蠔、蟹等甲殼類。

而眞正愛美的人都很注意口腔的衛生，發現自己有口臭的時候，一定懊惱不已，想說話也不敢開口，痛苦不堪。其實，治療口臭的方法很簡單，僅需在牙粉中摻入綠色青菜汁，用力刷牙，然後用青菜汁或茶漱口，不但會使口腔清爽，也消除了口臭的煩惱。

不過，口臭或許是口腔疾病的訊息，最好還是到牙科做一番徹底的檢查。

△喝茶不會使皮膚變黑

閒暇之餘，泡壺好茶與知己好友促膝而談，所謂「寒夜客來茶當酒」的雅興，莫過於此。偶爾學學古人，附庸風雅一番也十分有趣。

不過，有些人說「喝茶過多皮膚會變黑」，這其實是杞人憂天的想法。事實上，茶葉裡，尤其是綠茶中含有大量維生素C，甚至有整膚的功用，怎麼會使皮膚變黑呢？只是若想藉助茶葉的功能，使皮膚白嫩起來，可能需要喝大量的茶才辦得到喔！

然而濃茶可預防疾病卻是不容置疑的。鹽分、脂肪攝取過多，或飲酒過量的時候，都會增加胃的負擔，容易發生胃痙攣，這時應多喝熱茶，而且要既濃又苦的，將它慢慢喝下肚，保證病痛可以減輕。

多餘的茶水不妨用來清洗黝黑的皮膚。一般說來，酸性能使皮膚黝黑，鹼性能使皮膚白嫩。如果妳的皮膚顯得特別黑，不曬太陽也黑，可見妳的血液傾向酸性，清洗時應用冷茶撲面。茶水含有葉綠素，經過皮膚吸收後，就能變成中性肌膚。茶水撲面過後，用清水洗淨即可。

△臉紅、鼻子紅怎麼辦

與人爭執或害羞時都可能面紅耳赤，這不足爲奇。但如果因爲喝酒過量而滿面通紅，就有些尷尬了。酒後臉紅是體內血行暢通的顯現，這時靠臉部修飾也很難掩飾。若是紅著臉搭車或出現公共場所覺得不好意思的話，可喝些檸檬水或熱茶，以使血液中的酒精早點被排除到體外。

常常需要吃酒席、應酬的人，爲免自己酒醉，使用這一招，可使衆人皆醉唯我獨醒。

此外，許多人到了初春時分，鼻子就會發紅，像是酒糟鼻一樣難看。

鼻子發紅之後，絕不要去摸它或擠壓，最好的辦法就是用脫脂棉花沾蘆薈汁塞進鼻孔中。另外，再將少量的蘆薈汁加入面霜之中，輕輕地在鼻部周圍按摩，每晚一次即可。

△流鼻水時應喝果汁

在季節交替的時候，天氣冷暖不定，抵抗力較弱的人難免會傷風、感冒，於是打噴嚏、流鼻水就隨之而來；一下子拿手帕捂口，一下子又得拿面紙擤鼻涕，手忙亂腳一點也不從容。

動不動就吃感冒藥也不是辦法，只要喝適量的果汁，就能使身體暖和起來，感冒自然能痊癒。或在檸檬汁中放些磨碎的茶葉和鈣粉攪拌後飲用，每二十分鐘喝一次，連續喝二、三次試試。

冬天是柑橘大量上市的旺季，正是製造果汁的好時機。橘子含有豐富的維生素C、檸檬酸、鈣質。將橘子或柳橙剝去皮後，用果汁機榨汁即可。應經常飲用，可防止傷風咳嗽的感染。

△有益美容健康的果菜汁材料

可以製成果菜汁的材料很多，然而我們建議盡量選擇季節性的蔬菜水果。它的好處包括：新鮮味美、營養價值高、價錢便宜。

・春季的蔬果

草莓含豐分的維生素C

草莓中的維生素含量，在所有的水果類中居首位。吃一百公克的草莓，可以供給一日維生素C的需要量，所以每天吃七、八顆草莓，就不虞匱乏。草莓尚含有鈣質，可治風濕痛。多吃草莓，皮膚會光滑細緻。

茼蒿菜可以治口角炎

味道清新香醇的茼蒿菜，是火鍋所不可缺少的材料。含有豐富的維生素A、B_2、C及鈉質等，治療口內發炎甚具功效。製汁時加些鳳梨和蘋果，味道更爲香甜。

增進體力、延年益壽的艾草

艾草在營養價值上有：良質蛋白質、鈣質、鐵質，且維生素A、B_1、B_2、C之含量甚豐，尤其是維生素A和C。

天然的防腐劑——紫蘇

在果菜汁中加些紫蘇，可以保持原汁的顏色和營養成分，使飲料不失其鮮美的色澤和味道。除此之外，紫蘇的特有香味，能使人精神爽快。紫蘇並可以幫助發汗、利尿、止咳和解毒。

使臉色紅潤的萵苣

萵苣含有豐富的礦物質─鐵、鎂等，同時含有維生素A、B_2、C、E等。鎂質滋潤氣色，增進活力；鉀、磷，使妳毛髮烏黑柔亮，因此對美容、養顏最適當不過。

青椒是維生素的寶庫

青椒中含有甚爲豐富的維生素A、C，和鈣質、鐵質等。一個青椒所含的維生素C是一個番茄的五倍、檸檬的兩倍。能使皮膚柔滑、富有彈性，頭髮烏黑，指甲有光澤。

可消除疲勞的番茄

番茄中的維生素B_1、B_2、C、菸鹼酸及促進蛋白質和脂肪分解代謝的維生素B_6等，含量甚爲豐富；它可以中和魚肉類之酸性，幫助胃腸消化吸收。此外也含豐富的檸檬酸，能消除疲勞。

能養顏美容的小黃瓜

鉀在小黃瓜中含量甚豐，可促進尿液的分泌，淨化血液，排除體內多餘的鹽分及廢物，使肌膚潔白、頭髮光亮、明豔照人。

·秋季的蔬果

柿子是秋季維生素之源

柿子中的維生素A、C，礦物質鉀、鐵等之含量豐富，維生素C可防止血管硬化及高血壓，同時鉀有利尿作用。多吃柿子，有益健康。

蘋果是天然的整腸藥

食用蘋果可以促進腸的蠕動，有整腸作用。通常一個蘋果大約含有兩百分之十五的

果膠，形成腸壁內的保護黏膜，以防止吸收毒素，並可抑制腸內的異常發酵。

山芋幫助消化、滋補強身

山芋含有豐富的分解澱粉的酵素，不但能幫助自身的消化，並且可以促進吸收攝取其他各種食物之養分。

蕪菁葉維生素豐富

蕪菁俗稱大頭菜，葉部含有豐富的鈣質及胡蘿蔔素。

在青澀的蕪菁汁中加入檸檬汁及蘋果汁，味道會較爲芳香可口，尤其是眼睛疲勞者更應多喝。

·冬季的蔬果

柑橘類可以治療傷風感冒

柑橘中含有豐富的維生素C，可以促進新陳代謝，防止體溫下降，預防傷風，又可保持皮膚的柔細。柑橘類是冬天滋補的極佳水果，除維生素C外，又含有維生素P，有強化毛細血管的作用，可防止動脈硬化和腦溢血等病變。

甘藍菜可促進牙齒骨骼的健康

甘藍菜的濃綠葉子是製成綠色原汁的主要材料，維生素A、B_1、B_2、C的含量豐富，尤其是鈣的含量居蔬菜之首。

菠菜能夠幫助造血機能

菠菜含有豐富的維生素A、B_1、B_2、C、S、M以及菸鹼酸、鈣、磷、鐵等礦物

質。其紅色的根部含有豐富的銅、錳。

花椰菜的花、葉、莖都可充分取用

花椰菜含有豐富的維生素B_1、B_2、C。組織纖維柔細，適合製汁。花芽部分可治療高血壓及面皰。維生素含量豐富的葉莖，可以消除眼睛的疲勞，並能預防傷風、齒槽化膿。

除了上述各季應時果菜之外，還有一些一年四季都有的果菜，像是高麗菜、芹菜、荷蘭芹、檸檬、大蒜、木瓜、香蕉等，都是絕佳的選擇。

三、美，穿的出來

△職業婦女的穿著

對於上班族來說，工作占據了一天中大部分的時間，所以在穿著上，無論如何都以適合工作的服飾為選擇的主要重點。

一位昔日的女同事黃科長說，通常她所選擇的服裝大抵都是比較「典雅」的款式。我知道她口中所謂的典雅，並非意味保守或古老，而是正式且優雅的服裝；因為不受流行所左右，所以稱之為典雅。

正當畢業之際，又有許多社會新鮮人將陸續投入職場，在有限的經濟基礎上，將錢花在刀口上的不二法門，便是選購「典雅」的服裝。

原因之一是耐穿、不受流行所左右，可以穿很多年而不會產生過時或落伍的感覺；其次是較容易獲得他人的信任。若穿上花俏而華麗的衣服，並做濃妝豔抹的打扮，非但不適合工作場合又耗費時間、精力、金錢，這樣怎能受到上司的信任呢？還有，身著典

雅服裝，則無論臨時需要參加何種正式的場合，皆能安心前往，不必擔憂自己的服裝無法登大雅之堂。

△配色的效果

一般說來，白色與黑色被認爲是十分樸素大方的色彩，因此若能以兩者之中的一色做爲基色，然後以其他的色彩做爲配色，便能造成優雅大方的效果。若是你不善搭配色彩卻又擔心穿成一身聖誕樹的模樣，採取黑或白爲底，將可免除這種顧慮。

但筆者並非建議妳僅做白衣黑裙的打扮，若是穿著米色、茶色、苔綠色等近乎枯葉般色彩的樸素上衣，配以黑色或白色的褲子、頭巾、毛衣等，雖不能耀眼奪目，但流露出優雅的氣質，能讓人百看不厭，深受吸引，難以忘懷。

欲做優雅的打扮，黑色、茶色、灰色、紫色、苔綠色、米色都是不錯的選擇，這些色彩不單單可以做爲基色，而且也可以單獨存在，不需配加任何顏色，即可達到脫俗的美感。

・**黑色**——這是任何人都適合的色彩，只要在化妝上稍作注意，則任何顏色都可以

與之搭配。最理想的搭配包括：白色、綠色、以及淺紅色等，海藍色則應盡量避免與黑色互相搭配；與紅色搭配時不宜太過誇張；應該僅止於點綴的程度，否則會予人俗不可耐之感。

・**米色**——最好莫配以白色。因爲兩者的色調過於接近，搭配起來顯得一身模糊，一點也不出色。其實米色是最具包容性的顏色，大部分的顏色幾乎都可與之調和。

・**褐色**——通常給人高雅大方的感覺，最適合的配色爲白色。另外，米色、象牙白，或各種程度的綠，都甚爲適合。至於橘黃或淺黃與褐色同屬暖色系，搭配在一起也還算一致。

・**灰色**——有人嫌灰色顯得老氣橫秋，不過若配色得當，灰色反會散發出一股特殊的韻味。例如，只要與灰色搭配，紅色原本所具有的俗氣就會消失的無影無蹤。其他如寶藍、墨綠、粉紅、嫩黃、深紫，都很適合與灰色搭配。

△裙裝的萬種風情

男人只能穿著褲子，但是女人卻得天獨厚，可以有兩種選擇，所以女人應該充分而自由的善用穿裙子的獨有權利。

裙子在各式服裝中是最基本的一項，並且在精不在多，只要選擇能與外套、上衣的顏色和質料配合的裙子，就能巧妙的發揮作用。即使只有一件裙子，也能藉著不同的上衣，變化出許多不同的風情。

因此，購買裙子時最忌諱一時追逐流行，而買下式樣奇異的裙子，但也不要因爲價錢昂貴而遲疑選購應該具備的裙子，導至「裙到穿時方恨少」的困境。只要質料、款式、手工皆屬上乘，適合自己的需要，就可以不計價錢的買下。如果妳沒有這個魄力，至少在換季折扣的時候，好好的挑幾件合宜的裙子。這不是鼓勵瞎拚，而是提醒妳應該選擇大方而不會被流行所淘汰的款式。

近來十分流行迷你裙，但並非越短越好，而長裙也未必乏人問津。在強調個性化的年代，不論長裙或短裙都各有它的擁護者，但妳也可以兼容並蓄，同時兼顧魚與熊掌。在休閒娛樂的時候，大可穿著靈巧的迷你裙；在正式場合時，也可穿著曳地長裙。只要適合時間、地點、場合，任何款式的服裝悉聽尊便，人人都可盡情享受不同長度所帶來的美感和樂趣。

無論穿著什麼，妳都必須挺直背脊，伸直膝蓋，一步步從容不迫的走。穿著裙子時，裙襬輕飄，韻律有致，是優雅的最高境界，欲達此境界，就必須在走路姿勢方面講究留心。只要把握了正確、優美的姿勢，妳所穿著的服裝便會散發出迴然不同的格調。

△身材矮小者的禁忌

這幾年吹復古風，不論是一般的女鞋、涼鞋，都是厚厚的高跟，連慢跑鞋也流行有好幾層的底，看起來似乎是身材嬌小者的時代來臨。

有許多人以爲自己個子矮小，就應該穿上俗稱「矮子樂」的高跟鞋，來掩飾自己的缺點，其實這個觀念是不對的。因爲個子矮，所以更應穿低跟的鞋子；勉強穿上高跟鞋，鞋跟及身高會顯得極不成比例，給人累贅的感覺。在充分了解自己身材的原則下，所有的妝扮都要適合自己的體型，而不宜太牽強。

在服裝方面，尤其是套裝，個子矮小者上衣下裙採同色系統會顯得較爲修長。身上的顏色若太多太複雜，五顏六色一股腦兒全倒在身上，東一塊藍、西一塊紫的，全身會被分割的更形短小，值得注意。

△絲巾的魅力表現

如何在類似的穿著中塑造出個人魅力，絲巾扮演了重要的角色。除了凸顯個人風格外，在早晚溫度變化極大的季節裡，絲巾也是應變天氣的最佳配件。在此介紹一些實用大方的搭配法，可好好的學幾招讓自己好看。

・瀟灑型

上衣的前一兩個扣子不要扣，像打領帶般，將領巾繫於衣領中，結頭處較小，下垂部分逐漸加寬，使之自然下垂。上面再掛上一條項鍊，看起來更瀟灑大方。

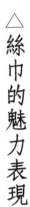

・淑女型

領巾繫在衣領內，可以表現出淑女柔和高雅的氣質。不過領巾必須繫得自然、俐落，否則反而顯得邋遢。

・清新可人型

把領巾旋繞在領子上，側打結，可以表現出少女清麗脫俗的美感。

・韻味十足型

同時用兩條不同色調而相配的領巾，或同花樣而不同顏色、或同色調而有深淺之別的領

巾，都能相得益彰，更添一番韻味。繫結之前，也是先扭轉之後，再輕輕繞在頸上打結。

·俏麗型

將領巾摺成三角形，使之自自然然斜披在肩上，再打個側結。除此之外，領巾的用途相當多，繫在頭上就成了頭巾，髮式亦可多做變化。

·灑脫型

披肩較大時，可像領巾一樣圍在肩上，非常自然灑脫。

·帥氣型

圍巾不一定要繞在脖子上，可以很自然的垂掛在單肩上。

△配件的使用

爲了使自己的穿著更出色，往往會在配件上仔細斟酌。例如眼鏡、帽子、皮包等雖未必要十分講究，但至少在整體搭配上不宜顯得太過突兀。

・眼鏡

太陽眼鏡在今天已經成爲打扮上不可或缺的配件之一。起初，人們在從事戶外休閒活動時，爲了防止紫外線的直射，所以戴上太陽眼鏡，而今人們選擇太陽眼鏡，已不僅單純爲了視力健康，更有加強美觀的用意，所以對於鏡框的設計、色澤等也就越來越追求時髦了。

該如何選擇適合臉型的眼鏡框呢？

(1)瓜子臉適合橢圓形眼鏡框。

(2)方臉適合圓形眼鏡框。

(3)圓臉適合細長形或方形的眼鏡框。

(4)長臉適合長方形或長橢圓形、鏡框較粗的眼鏡框。

至於鏡片的顏色，藍色能使眼睛周圍顯得柔和；褐色則適合各種臉型及服裝。如果妳基於好玩的心理，粉紅色與綠色鏡片的太陽眼鏡也十分新潮，別有一番趣味，是新新人類的最愛。

眼鏡可隨心所欲的掛在任何地方，鼻梁上、領口、頭頂上都可以，盡情享受自我獨特的創意吧！

‧帽子

在電影中常見歐洲仕女頭戴各式各樣的華麗禮帽，令人目不暇給，或許因爲現代人比較忙碌，戴帽子的習慣逐漸被人遺忘。不過，最近帽子的流行風似乎又有再度吹起的跡象。

通常一戴上帽子，頸項與臉型就特別顯著，而各種形式的帽子，各有優點。

(1)圓頂有緣的帽子把頭髮梳得服貼，帽子戴低一點，會使頭部看起來小巧秀氣。

(2)頭巾中型無緣帽，盡量往下拉和毛線帽一樣戴得低低時，更顯嫵媚。

(3)平頂寬帽子的形狀可以視鼻子的高度來決定，如果鼻子很高，寬緣的平頂帽子很適合。

帽子應選擇適合自己身材及個性的款式。常見臉大的人戴上一頂小巧的帽子，如此非但不能增加美感，反而強調了大臉龐，倒不如不戴帽來得好看。臉小的人則應該避免帽沿較大的帽子，否則只見帽子而不見人，反倒喪失了戴帽子的本意。一般而言，身高較高的人戴任何款式的帽子都能相配；但是矮個子的人，則應選擇戴起來緊貼的小帽爲宜。

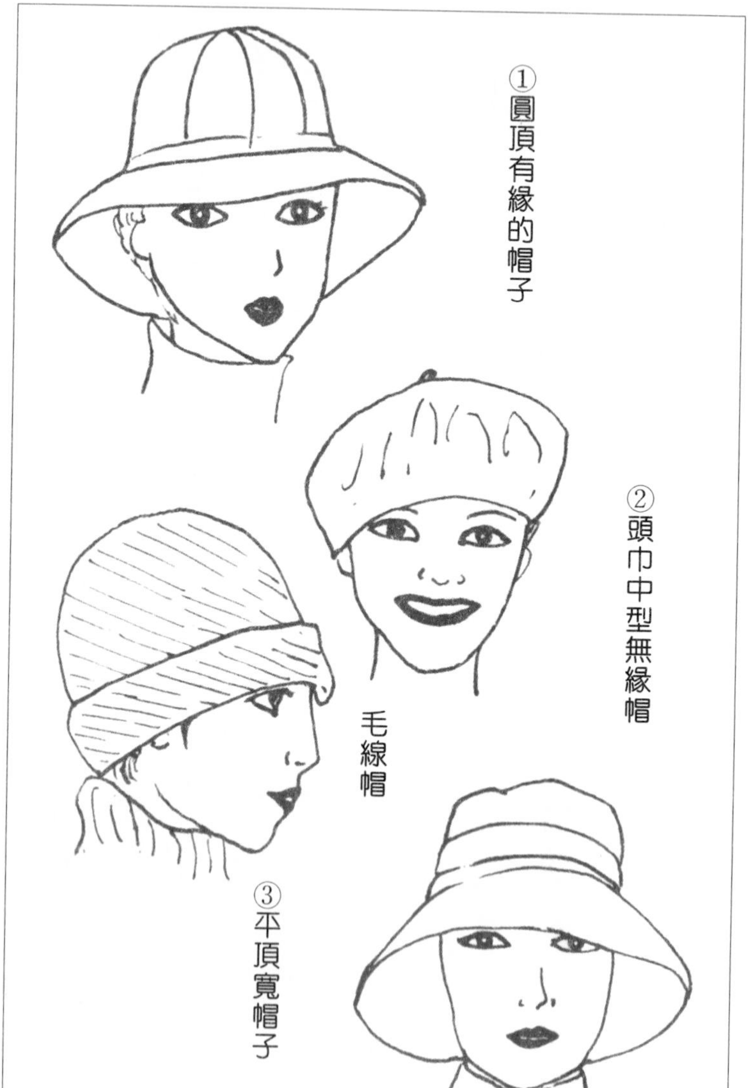
①圓頂有緣的帽子
②頭巾中型無緣帽
毛線帽
③平頂寬帽子

・皮包

皮包是女士們的隨身之物，一天之中，不知在人前人後開關多少回。從一個人使用皮包的情形，幾乎可了解其個性。所以皮包裡的東西應整理得有條不紊，凡是不好意思見人的物品，最好不要放在皮包內，以免造成尷尬的場面。

皮包大致可分為側揹式、手拿式、肩揹式、手提式這幾種類型。側揹式皮包最為常見，也最實用；手拿式小巧玲瓏，可夾在腋下，也可拿在手中；肩揹式皮包既方便又瀟灑，且容量大；手提式皮包則顯得成熟而含蓄的美感。

選擇皮包的顏色，還是以服裝群中最多的色彩為原則，同時素色皮包為優先選擇。一般人相信只要備齊黑色、褐色和米色三種顏色的皮包，就足以應付各種場合與季節了。

△T恤永遠不嫌多

T恤可以說是本世紀最受歡迎的單品服裝了，相信到了二十一世紀，它依然能在每個人的衣櫥中占有一席之地。

因爲T恤具有實用性、舒適性、便利性。有些團體會選擇在T恤上印上紀念性或宣傳性的口號及圖案，賦予T恤不同的使命及意義，所以T恤永不褪流行。

另外，T恤式樣簡單、剪裁大方，穿起來既舒服又便於活動，是休閒居家穿著的最佳選擇。尤其一到夏天，幾乎是T恤的天下，滿街的人都穿著T恤。

T恤在服裝上的搭配便利，例如背心裙加迷你T恤，大尺寸T恤加牛仔褲，素色T恤加帥氣背心，搖滾T恤加皮褲等，都能表現活力與灑脫。

四、美，妝的出來

△自然的眼部化妝

有人說：「眼睛的美能彌補臉上其他五官的缺點。」眼睛的美既是如此重要，我們對於眼部的化妝更應該仔細慎重。要是實在忙碌得抽不出一點時間來細細的妝扮眼睛，也不可完全置之不理。但化妝的方式因人而異，畢竟每個人的眼睛形狀不盡相同，應該根據各自的特色才能畫得漂亮。

・技巧1

如果妳的雙眼屬於距離較遠的類型，最好選用色澤明亮的眼筆畫眼線，越到眼尾的顏色越淺、越模糊。

如果妳的雙眼屬於距離較近的類型，最好用眼影畫眼角，指尖沾些眼影在眉頭到眼角一帶輕抹，看起來比較生動自然。

・技巧2

如果妳屬於眼尾上翹的類型，整張臉看起來比較凶。化妝時，可以在下眼皮眼尾的下面，塗上模模糊糊的眼影，眼尾的眼線要往下畫，眉毛保持近乎水平的柔和以求平衡，這樣整張臉就顯得溫和些。

如果妳屬於眼尾下垂的類型，看起來比較缺少活力。所以化妝的方法就要和眼尾上翹的人相反。在上眼皮的眼尾部位塗上模糊的眼影，眼尾眼線要畫得比眼角粗，並且稍微往上翹。眉毛則要畫得盡量柔和。

・技巧3

如果妳的眼睛屬於較細小的類型，妳可以在上眼皮塗上一公分寬的眼影，並畫上約五公釐寬的眼線，畫時超出眼角一點點，眼尾要畫得稍長，並要考慮上下眼皮的均衡，從下眼皮的中央順著睫毛畫眼線，直到眼尾，要使上下眼皮的眼線吻合。

・技巧4

如果妳是單眼皮，化妝的重點在於眼影的塗法，上眼皮睫毛的眼線要粗一點，眼尾的眼線則稍微往上畫，睫毛附近的眼影要特別深，越往上則越淡。

如果妳是雙眼皮，不用畫眼線，只要在眼角和眼尾塗上較亮的眼影，中央部位要塗上最明亮的色彩。

至於內雙眼皮者，則要用眼線向著眼尾畫上細長的眼線，上下都要畫。眼影寬且深暗，並沿著眼尾使之逐漸模糊。

・技巧5

如果妳的眼睛屬於凸眼的類型，則用眼線筆輕輕淡淡地畫眼線，顏色深暗的眼影塗在眼皮上方；眉頭上方及眉毛下方則塗上最明亮的色彩。

如果妳的眼睛屬於凹陷的類型，看起來比較懶散、不健康，所以化妝時應以明朗為

原則。上眼皮塗上比眼影明亮的底色，輕輕畫上眼線。

·技巧6

如果妳是瞇瞇眼，則只要用眼線筆在睫毛上方一至二公釐處畫一條自然的眼線，但是上下眼尾的眼線不可相交，眼尾的眼影要向外側漸漸模糊暈開。

如果妳有一雙鳳眼，則沿著眼睛的輪廓畫眼線，眼尾的眼線要下垂且延長，眼角上方的眼影要塗得深些，越到眼尾則越模糊。

△明眸絶招大公開

眼睛疲勞是美容的大敵。記得以前上攝影課時，老師曾告訴我們，如果模特兒前一天沒睡好或眼球有血絲、眼皮浮腫都不適合入鏡，會破壞美感。由此可見，眼睛的清澈與否，在一個人的容貌上占有舉足輕重的地位。

・技巧1

如果妳下眼皮的黑眼圈一時半載無法褪去，可設法利用眼影的顏色來掩蓋。

首先在浮腫的部位塗上比平常厚的底霜。眼影側使用紫色，上眼皮用亮一點的紫色，睫毛髮際和下眼皮浮腫的部位則用深紫色的眼影。

・技巧2

用眼過度或流淚過多而導致眼皮浮腫時，首先應設法把眼皮冷卻下來。利用化妝棉充分吸取收斂水後，貼在上下眼皮上，上面可覆以眼罩就寢。到翌晨醒來，眼睛的疲勞和眼皮的浮腫就會消失了。

．技巧3

要迅速消除眼睛的疲勞，直接壓迫眼皮不如按摩耳朵後面的後頭部有效。

首先用手掌在後頭部摸出骨和筋的分界線，利用手指把下方肉墊的一部分推壓上去，推壓兩、三次後，眉頭有種壓迫感，再對眼窩內側推壓，然後壓抑眼睛下方的骨內側。好好按摩這三個地方，眼睛的疲勞應可消除。

．技巧4

妳想保持清澈迷人的眼神嗎?首先睡眠要充足，並且不攝取過多的酒精。其次在眼睛疲勞而發熱時，應配戴眼罩一小時以上。

△口紅的塗抹法

口紅幾乎是每位女性朋友隨身攜帶的「祕密武器」之一，可以隨時隨地讓自己漂亮。爲了配合衣著的顏色，可在嘴唇上塗以粉紅色或磚紅色的口紅等，五顏六色任君挑選。

·技巧1

當妳靜坐一旁，抿唇微笑，任何一種顏色的口紅都能使妳看起來很美。但是一旦妳開口講話或發笑而露出牙齒時，若擔心一口黃牙被強調了出來，給人不潔的感覺，則可在接近牙齒的嘴唇內側重複塗以橘紅色或深紅色的口紅。這種顏色可在牙齒和嘴唇口紅之間產生協調作用，不致給人不好的印象。

・技巧2

如果同時使用二、三種不同顏色的口紅，能表現妳的獨特唇色。首先，輪廓應選用清晰的顏色來擦，尤其是嘴角部分。嘴形下垂的人用這種顏色在下唇中央加以調配，看起來嘴唇略向上翹，下唇顯得厚重而可愛。上面以同色系明亮的顏色或異色來擦，兩色交界處以混色來處理。

・技巧3

要是妳身體狀況不佳，嘴唇常呈深紫色，顯得自己不夠健康，無精打彩時，最好的辦法是用覆蓋力較強的唇膏在嘴唇周圍塗擦一遍，然後再塗上透明唇膏，使嘴唇更有光澤就夠了。

△關於口紅的二、三事

專櫃裡形形色色的口紅，美不勝收，每個顏色都令人愛不釋手，只是擁有再多炫麗的口紅，也不如擦上嘴唇後看起來漂亮來得重要。以下將要告訴妳，口紅如何擦得均勻，保持長時間的不褪色。

・技巧1

嘴唇乾燥或脫皮時，就無法將口紅塗得均勻。要是妳發現自己的嘴唇太乾，便應在就寢前細心的讓蜂蜜滲入嘴唇中，再塗上護唇膏，經過幾天，嘴唇就可恢復柔嫩光滑。當然最好的方法莫過於平日多喝水。

・技巧2

抹了口紅，時間一久，用餐或抽煙都會使之脫落。假如妳希望口紅持久不掉色，減少補妝的麻煩，可在塗上口紅後，用化妝紙按一按，接著撲一撲粉，最後再塗一次口紅，則口紅就不會輕易脫落。

·技巧3

在某些場合，我們不難發現有些女士舉起粉盒補妝的情形，但有些人只隨身攜帶口紅而已，於是就見她竟以指尖沾起口紅，塗在面頰上，這眞是太可怕了。雖然口紅也是化妝品之一，但因所擦的部位不同，其所含的油脂相當高，一旦抹在臉頰上，曬了太陽，必然會長出一塊黑斑，千萬不要輕易嘗試。

△粉底的選擇

購買粉底時，應在天然的光線下選擇。一旦找到合適的粉底，它便永遠適合妳。

‧技巧1

爲了分辨粉底霜的色調，請試擦於下巴處，如果粉底的顏色和脖子的顏色調和，即可選購。千萬不要讓粉底來遷就臉頰的顏色，因爲臉頰處比臉部其餘部分較多色彩；配合臉頰的色彩，卻往往無法與脖子的膚色一致，這樣會在下巴四周形成明顯的分界線。

‧技巧2

應避免將粉底一路塗至脖子，因爲脖子的膚色絕對與臉色不同，因此只要妳選擇的粉底能與下巴以下脖子處的皮膚顏色配合，即可達到使臉色平順光滑的目的。

・技巧3

擦粉底時，可先擦上一層保養油，再薄薄地塗上一層粉底，乾性皮膚會將粉底完全吸收，臉上的妝會顯得較濃；倘若臉上有瑕疵，應該使用蓋斑膏來修飾，而不要猛塗上一層厚厚的粉。

・技巧4

如果皮膚易受到夏季太陽的烤曬，則應該購買與皮膚同色調但顏色較深的粉底。

△塗腮紅的要領

蘋果般的臉頰是最令人羨慕的，而腮紅可以使青春長駐臉龐，它能爲妳帶來自然、健康的氣息。只在面頰的兩側小小的一刷，便會使臉部增色不少。

．技巧1

塗腮紅的範圍，千萬不要低於鼻孔，也不要擦到眼圈的地區，再仔細地將顏色擦勻，使之自然。

．技巧2

油質的腮紅最適合乾性皮膚，刷式的粉質腮紅則適合油性皮膚。

·技巧3

由於皮膚會隨著年齡的增長而顏色漸淡，因此腮紅的色彩也應隨之而趨於柔和，千萬不要擦得像舊時的媒婆似的。

·技巧4

臉色較爲蒼白的人，必須將腮紅刷濃一點，但要適可而止；如果雙頰的顏色較紅潤，則可利用腮紅減弱臉上的紅光。

·技巧5

至於顴骨較高的人，要讓塗腮紅的部位延伸至面頰的邊側。面頰下凹的人，須在顴骨上輕輕塗上腮紅，切忌塗在他處。

△彌補缺點的技巧

眼尾的皺紋以及臉上的黑斑，去不掉、藏不住，使女人爲它傷透腦筋，卻又束手無策。其實皺紋是歲月的痕跡，可視爲智慧的象徵；而臉上的黑斑則可能是體內狀況的訊號，過多或過深時，必須請醫師診治。

如何藉化妝遮蓋皺紋和黑斑呢？

・技巧1

常見許多人的眼尾、嘴角、鼻下等處佈著細密的皺紋，原想藉著塗上厚厚的化妝品來遮蓋，不料卻適得其反。此時，應愼重選擇透明度高的粉底，盡量塗薄，把粉底擦入皮膚皺紋內，使肌膚色澤顯露而讓皺紋隱沒。

・技巧2

談到皮膚，最令人苦惱的便是皺紋，尤其是位在眼尾的皺紋，更是讓所有女人膽戰心驚。但儘管如何小心保養，也無法抵擋歲月流逝的壓力，只有接受它，並利用這無法改變的現象，創造出另一種魅力。

・技巧3

黑斑是先天性的，很難完全根絕，遇到紫外線時會出現或顏色加深。如果要避免黑斑在臉上越演越烈，首先要隔絕陽光直接照射所帶來的紫外線，可塗些防曬霜、隔離霜等。

△指甲的美容及保養

光擁有纖纖玉指還不夠，美麗的指甲使妳美上加美。想使指甲保持良好的弧形，要訣就是以倒V字形將指甲兩邊剪掉，如此指甲看起來比較修長，然後用銼子從指甲背面加以銼磨，使表面留下一層薄皮。

先用粗銼子銼，再用細銼子修整。雖說指甲只占有一小方面積，不過處理的學問可多著呢！

・技巧1

指甲油的顏色衆多，為了省去挑選搭配的麻煩，如果能固定於某些足以發揮打扮效果的顏色，可就省事省時多了。

橘紅珍珠色、粉紅珍珠色等珍珠色系都是不錯的建議。

這類顏色，不論口紅擦的是什麼顏色，都能表現自然。至於橘紅珍珠色雖與手指和指甲看起來分不出顏色，不過光線一旦變化，便很容易看出是經過精心打扮的，別擔心！

・技巧2

擦指甲油已成爲當然的打扮，顏色方面也有越來越大膽的傾向，這對現代女子而言，實在無可厚非，但很難獲得保守人士的認同和好感。如果指甲油採用和口紅同色系的顏色，指甲便不會顯得太突兀。

・技巧3

指甲修剪得很整齊，顏色也挑選出來了，一切準備就緒，接下來就是塗刷指甲油的工夫了。

塗抹指甲的要訣是，用筆沾油時應依指甲的大小來沾取油量，亦即一次沾油應剛好刷完一個指甲，接著是塗刷時，從指甲根部向上刷，先刷指甲的一邊，然後再刷另一邊，利用筆尖做直線塗抹，最後才刷中央部位。當指甲尖端的油過多時，以持筆的拇指腹擦拭，更能使指甲長保美麗。

淡色較透明的指甲油或深色的指甲油不容易塗得深淺均匀，如果能連續塗兩次就可以改善。

．技巧4

由於涼鞋再度流行，因此擁有美麗的腳趾甲，就變得格外重要。因爲腳趾甲要「拋頭露面」，所以它的美化處理的複雜度也不下於手指甲。

一般人的腳趾甲都比手指甲髒、黑，赤腳修飾時，可先在洗腳盆內泡一些肥皂水，把腳浸在其中，再利用銼子磨平指甲。

如果用較深的紅色指甲油塗擦腳趾甲，由於紅色的對比，黑黝的腳趾會顯得較白，一掃不潔的感覺。

・技巧5

腳趾不如手指般靈活，因此在塗擦時困難度更高於手指甲，稍不小心則可能會沾污腳趾，尤其以中趾以下三趾最易發生。

所以當妳在擦腳趾甲時，最好用二至三公分見方的棉花，逐一塞在每個腳趾之間，如此可免於相互沾污。

△圓臉也可以表現出成熟美

圓臉令人感覺甜美、可愛，但是圓臉也有缺點，因爲一個圓臉的女孩看起來比自己眞正年齡還要青春、幼稚，如果妳希望自己也能表現出成熟的韻味、優雅的氣質，就需要多費一些精神了。

·技巧1

要是希望能一方面保持圓臉的特性，一方面又能擁有成熟的氣質，可以考慮由髮型著手。

能夠表現出自然而優雅形象的髮型之一是將秀髮中分，或七三偏分，剛好貼在眉毛兩端自然下垂。

若將髮梢向內鬈曲，則能強調柔和、優美的感覺。

另外，將頭髮全部梳到腦後，綰成一個髻也可以考慮。其實，這種髮型適合任何臉型，能夠予人高雅的印象，尤其是圓臉又大眼的人更適合。

．技巧2

欲表現出優雅而成熟的女人味，則必須忍痛捨棄一切小巧玲瓏的可愛飾物，衣服的線條也要明顯一些，衣服上不要有太複雜的裝飾。

因爲圓臉本身即能造成可愛的感覺，所以飾物少一點並不會予人過於樸素、單調之感。

．技巧3

圓臉的面頰和下巴都很豐滿，看起來圓鼓鼓的，爲了拉長臉型，應該盡量避免有曲線的化妝。腮紅由顴骨兩側向前刷，越靠近鼻子的部位越模糊；另外，從面頰中央往後刷，至下顎附近逐漸變淡。

塗口紅時，上唇中央部位要塗得厚些，使成爲一個小稜角，越到兩端，塗得越細。

畫眉時，應在眉毛開始下垂的地方，畫成不太明顯的眉角。如果妳的眉毛短，畫眉時應該畫長一點。

眼影則應選用接近皮膚且較暗的顏色，斜著塗在眉頭和眼角之間，顏色畫得越濃，越能使圓臉產生立體感。

△有個性的方臉

方臉給人的印象是成熟而理智的，但如果妳是一位方臉的女孩，妳是否時常覺得方臉的人很吃虧？

因爲方臉的髮型和衣著搭配以及化妝都十分有限，不過這也正是方臉的人獨具的特色，能夠充分的發揮個性。這點就是圓臉女孩無法達到之處。

因此，如果妳有一張方臉，也毋需太過惋惜，只要好好利用這與生俱來的臉型，設法進一步強調它的優點，那麼也一樣可以達到美麗動人的程度。

・技巧1

最適合方臉的髮型是男孩子氣十足的短髮，若想要擁有一頭長髮，就應該把頭髮梳到耳後，或在腦後綰成一個髻，盡量顯露出清爽而精明的感覺。

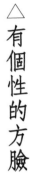

千萬不要想以頭髮來掩飾下顎的稜角，所以應該避免下垂的髮型。頭髮若在下顎附近飄來蕩去，只會引人特別注意妳的方臉，而且會顯得無精打彩。

．技巧2

在穿著方面，衣服的領子必須要能夠強調脖子的曲線，項上若戴一串項鍊，顯得臉型更柔和。

倘若要穿高領的衣服，領子的高度必須高一點，幾乎包住下巴；穿著襯衫時，最好不扣上面一、兩個扣子。切忌穿鑲有蕾絲花邊的裙子，或滾有荷葉邊的寬大袖子等，會使妳看起來很不搭調。

．技巧3

方臉化妝最重要的原則是要消除方臉予人剛硬的感覺，而要將柔和的曲線表現出來。

上妝時，面頰兩側的顏色應該加深，從前向後，由濃轉淡。

另一方面，也要向著鼻端塗抹，這樣將能使下顎曲線更加柔和。腮紅則塗在顴骨上方，逐漸向耳朵方向暈開。

塗口紅時，盡量表現出柔美的曲線，不要造成明顯的稜角而增加方臉的剛硬感。

畫眉時，曲線稍微向下，至眉峰處再稍微往上挑，這樣可避免方形臉所產生的嚴肅感。

五、美，理的出來

△整理頭髮始自頭皮

頭髮可任由我們做各種變化，隨著心情不同而有不同的花樣，足以透露一個人的情緒與個性，當然也可以了解一個人的品味。

爲了不落人後，許多女性三不五時就要走一趟美容院，無怪乎美容院如雨後春筍般四處林立，幾乎到了三步一小家、五步一大家的程度，知名的連鎖店更是所費不貲。仔細想想不如自己學著整理，如此不僅經濟實惠，久而久之也會覺得頭髮由自己整理來得順手也順眼些。

有光澤的頭髮要靠時時整理來維持。除非有特別原因，否則整髮應自頭皮開始比較有效。

先梳刷頭髮，清除污垢和浮皮，接著分次以少量的整髮霜塗擦在頭皮上，待毛髮也塗抹後，用熱毛巾覆蓋，最後洗髮。如果不太起泡沫，初次先沖洗，第二次再做按摩式

的洗髮。

擦過整髮霜後先洗澡再洗髮也可以，而洗髮後不要忘了潤髮。

頭部血液循環不良時，就容易掉髮，有這種煩惱的人，應該隨時保持髮根清潔，並用少許酸性洗髮劑洗髮；潤絲後再用清水輕拍頭皮，就能使髮根收斂，防止掉髮。平常在頭皮上邊按摩邊塗上美髮水或慕絲，更能增加頭皮的柔韌度。

△選擇合適的髮型

「知己知彼，百戰百勝」，不僅適用於戰場，在髮型上如果也堅守這個原則，髮型基本上不會與自己的性格、風格相距太遠，甚至還能替自己的外表加分呢！

選擇髮型時，應該考慮幾點：風格、臉型、髮質，以及是否便於整理。有些髮型需經常上美容院去整理，往往耗時又費錢，的確是一項很大的負擔。所以設計一個能夠自己動手梳理的髮型，在忙碌的工商社會中是有其必要的。

當妳與髮型設計師討論時，必須盡量提供他有關妳頭髮的資料，並與之討論妳的臉型及適合的髮型，以便截長補短。

如果妳的臉是瘦長型或長方臉，則必然希望藉髮型來豐滿兩側的臉頰；如果妳是屬於圓臉或方臉，便應該藉著髮型，來使臉型縮小。

圓臉的基本髮型

方臉的基本髮型

三角臉的基本髮型

有人說：「髮型決定女性美的一半。」話雖有些危言聳聽，不過多數男人抗拒不了秀髮的魅力，倒是不可否認的，尤其是長髮披肩的女子。

但一般說來，長髮較適合少女或年輕的女人，年過三十五歲再留長髮，便顯得老氣而無精打彩。所以若非留長髮不可，也應保持及肩的長度，或者全部的頭髮往後梳，綰成一個小髻，給人舒爽的感覺。其實，年紀稍長的女性，擁有一頭短髮，也一樣可以達到成熟而不失年輕的性感。

△維持髮型的方法

夏日午后的雷陣雨，說來就來，毫無預警，若事先沒有帶雨具，只有淋成落湯雞的分了。特別是剛做好頭髮從美容院出來時，眞的只能搖頭嘆息了。

其實整過髮後一淋到雨，不必急著把整個頭髮都弄亂擦乾。這樣做等於必須從頭再整髮一次，既花錢又費事。如果髮膠還在的話，不必全部擦拭，只把雨滴到的部分用毛巾輕輕擦乾，或用棉紙吸乾。如果髮膠已蕩然無存時，也只把淋濕的頭髮部分打散，披在乾的毛髮上面使其自然乾燥後，再和沒有淋濕的毛髮一起梳刷。待髮型整出之後噴上髮膠，再輕輕梳過就好。

髮型容易散亂的原因，除了被雨淋壞之外，入浴和睡覺後也會因壓推而變型。所以沐浴前應該用髮夾把頭髮夾好，並戴上浴帽、髮網後才可以入浴。沐浴後不要馬上就拿下浴帽或髮網，因爲從浴室出來後，頭髮還有許多濕氣，所以經過半小時，頭髮乾了之後再取下來比較好。使頭髮保持乾燥，髮型就易維持長久。

另外，睡覺時習慣不好的人常把頭髮睡壞。有些人雖然很小心，但是偶然因不慎睡壞而又趕著上班時，整理起來相當惱人。這時如果準備一把吹風機，像男子整髮時一邊梳頭一邊吹風的要領一樣，把頭髮整理起來，就簡單多了。有些吹風機上附有梳子，相當方便。

△自助鬈髮不求人

我變、我變、我變變變！所謂直髮飄逸，鬈髮浪漫，爲了不使自己看起來一成不變，即使是直髮的人，也能透過自己的巧手，隨時梳出一頭鬈髮，使自己有個嶄新的形象。

直髮的人，可以在洗髮後用吹風機稍微吹乾，然後依照頭髮的長度和喜愛的髮型選擇髮卷捲髮，頭髮較短且希望做出一頭鬈髮的，髮卷應該越小越好；頭髮較長，或想做大髮浪的，髮卷則應選擇大號或特大號的。晚上捲著髮卷睡覺，第二天就會有一頭自然秀麗的鬈髮了。更陽春的做法是，趁頭髮未乾時紮好辮子，待翌日鬆綁即會出現微鬈的髮型。

妳是否覺得費了半天捲好的頭髮維持不了多久便散開了？這是捲髮時欠缺要領之故，問題在於捲髮時用力的程度。

捲髮的要領很簡單，最初一捲的前半部要用力拉緊，其餘可稍留一點鬆懈餘地，而在最後髮根的部位再度用力把毛髮吊起來，在頭皮上捲緊。爲避免髮卷鬆動，可用髮網覆蓋固定，然後再噴灑整髮液，這樣就萬無一失了。

有些人的頭髮是自然鬈，如果長得很整齊、自然，那是再好不過了，可是有些人卻生就一頭雜亂無章的鬈髮，給人蓬頭垢面的感覺。如果妳不幸屬於這種，也不必嘆息，只要快刀斬亂痲，修剪個俏麗的短髮，抹上髮膠，稍作梳理，雙手一攏，就有個造型了。但是如果想使自然鬈髮平直，妳可用力拉長頭髮，再塗上冷燙液，鬈髮就能暫時梳直了。

以下提供捲髮時四項注意原則：

- 如果想要使頭髮捲得又快又好看，就應該在每次洗髮後，用吹風機吹得九分乾時再開始捲。
- 捲髮前要先噴些水。

・頭髮梳理整齊後，再慢慢用髮卷向上捲。
・頭髮捲好後用吹風機完全吹乾。就寢前要噴少許水，捲好髮卷後，戴上睡帽或髮網睡覺。

辛辛苦苦捲好一頭頭髮之後，當然希望能維持久一些，除了在洗髮後把頭髮吹到九分的程度，趁著還有一點濕氣的時候捲髮之外，應該再噴點髮膠（定型液），在就寢或入浴時，一定要戴上睡帽或髮網。

△燙髮的基本知識

到美容院燙髮，設計師除了問妳想要的髮型之外，一定會問的就是：「要使用多少錢的燙髮藥水？」如果妳選擇低價的藥水，設計師還會一再告訴妳藥水對頭髮的傷害力，並推荐妳用高價的藥水。事實上，藥水的確有優劣之分，但價格上的落差未必那麼大，消費者也可考慮自行到專業的美容美髮用品店購買適合的藥水，然後帶到美容院，請他們使用妳自備的藥水爲妳燙髮。

設計師也常問的一個問題是：「妳要不要護髮？」有些人的頭髮總是燙不好，這是因爲髮質受損的緣故。燙髮前的保養非常重要，如果設計師主動勸妳暫時不宜燙髮，先保養保養頭髮再說，妳不妨聽從這個建議，使頭髮恢復健康後再燙髮，就不會有什麼反效果了。

有些人燙髮常常拿揑不住鬈度的大小，因爲沒什麼概念，也很難與設計師溝通，於是燙出的髮型往往不盡滿意。大致上，如果妳用的是一公分的髮卷，就會燙出一・五公分的波浪出來；如果妳用的是一・五公分的髮卷，就會燙出約二・五公分的大波浪。剛剛燙過頭髮，髮型曲線都還未固定，看起來也不自然；然而只要經過三、四天就能定型，自己也會比較習慣。

燙髮過度時會損傷頭髮，使頭髮呈黃褐色，像稻草一般，既無光澤又十分粗糙。要避免這種情形發生，短時間內燙髮次數不要太頻繁，在每次洗髮後都要塗上保養霜。平時則使用保濕的用品，充分滲入髮絲，既可以保養頭髮又可以使鬈度持久，一舉兩得，千萬偷懶不得。如果不慎燙成紅髮，就必須請教專業人員，並要求矯治。

△染髮的注意事項

染髮已不再是老年人的專利，對年輕人來說更是新潮的象徵。尤其東方人的頭髮都很黑，看起來有沉甸厚重的感覺，染髮可以顯得更有朝氣、更活潑。有些人爲了比帥比酷，除了傳統的褐色之外，現在甚至連鮮黃色、藍色、紫色、綠色、橘紅色都紛紛出籠，絲毫不下於英國的龐克族。

目前市面上染髮的商品很多，自己使用起來也不困難。加上染髮可以使一頭厚黑的頭髮顯得更爲明亮柔和，使臉部更爲亮麗，因此染髮的風氣就越來越盛了。

自己染髮的人，一定要仔細看過說明書才動手，染髮前一天要先洗髮。如果是年輕人爲了新奇美觀，就應先從髮尾染起。

如果是老年人爲了掩飾白髮，就要從髮根染起，染髮時注意不要選用太顯眼的顏色，以原髮色爲佳。

燙髮過後，要經過一週以上才能染髮。因爲燙髮劑或多或少都會損傷頭髮，如果再加上染髮，頭髮受的傷害會更大。隔段時間再染髮，不但不傷髮質，而且染色的效果會更佳。

值得注意的是，染髮容易造成頭髮分叉斷裂，所以染過髮後要特別注意保養，片刻都不能使其失去潤澤。

△頭髮稀少的障眼法

人到中年，歲數、錢財、往事、經驗等都可能越來越多，只有頭髮越來越稀，眞是無可奈何。

頭髮稀疏或禿頭實在不太美觀，但是要放輕鬆不要太煩惱，以免惡性循環。通常血液循環不良時，就容易掉髮，按摩能軟化頭皮，並促進新陳代謝，加速頭髮的生長。按摩時可以用手指揉一揉或抓一抓頭部，按摩前如果先用髮刷刷頭皮，效果更好。

假髮也是個可利用的掩飾品。假髮有全頂、半頂或部分等分別，頭髮稀少的人可利用部分的假髮夾雜在眞髮裡面，看起來就比較蓬鬆飽滿，而且不會像戴全頂假髮般的生硬、不自然。

還有些使稀疏的頭髮看起來較蓬鬆的小技巧，包括以交叉方式分髮線，自己利用髮卷捲髮，頭髮向前拉直後再捲，當頭頂的頭髮較少時，可將之綁成V字型。

經常吃甜食或攝取過多的鹽分、動物性脂肪，都會影響血液的循環，常常掉髮，所以要多喝開水，多吃新鮮水果蔬菜，並補充鈣質。

以交叉方式分髮線

頭髮向前拉直後再捲

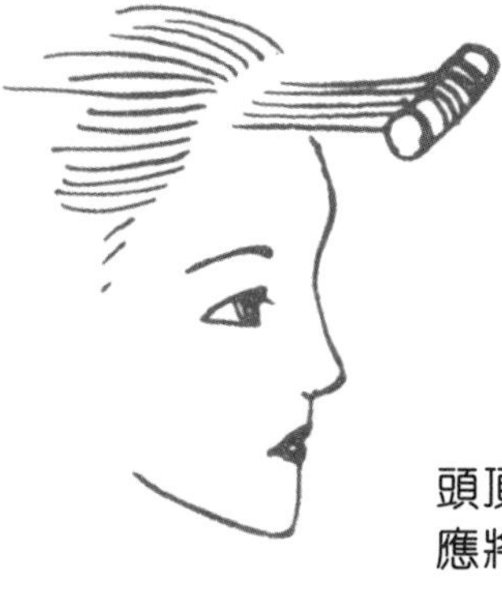

頭頂的頭髮較少時，
應將之綁成 V 字型

△特殊時候的非常洗髮

住在副熱帶地區每天洗澡是常態，就算是洗頭也最多隔個兩、三天吧！因此正確的洗髮是很重要的。

- 使用適合自己髮性的洗髮精。
- 用溫水沖洗，熱燙的水會洗去頭髮所需的油質，傷害髮質。水溫以攝氏三十七度至三十八度爲宜。
- 清洗須很徹底，最後再用冷水淋洗。

此外有些不能洗髮的非常時期又該如何呢？比如嚴重感冒或生大病而難以沐浴、洗髮時，總會覺得不舒服；這時只好採取「乾洗法」了。先用梳子將頭髮梳開、梳順後，

再用棉花沾水，一面擺動頭髮，一面輕拍頭皮，然後用擰乾的濕毛巾擦頭部。

還有夏日到海邊戲水弄潮是很開心的事，但別忘了海水浴之後一定要用清水將頭髮洗過一次，然後抹上潤絲精沖淨；否則頭髮會因爲鹽分過多而受損，容易斷裂分叉。頭髮和皮膚一樣怕曬太陽，所以要用正確的方法保養，妳是否具備足夠的洗髮知識？

・爲了保護秀髮，應該選擇酸性良質洗髮精。泡沫太多的洗髮精反而不好。
・洗髮時拚命用雙手猛搓，或用梳子猛刷，會使頭髮的表部受損以致斷裂分叉，所以應該像按摩頭皮一樣，輕輕抓起頭髮揉洗。
・最後清洗時，手的動作要大，才能夠洗得乾淨。此外，洗髮精一定要沖洗乾淨，殘留在頭部很容易產生頭皮屑，因而發癢。
・將潤絲精抹上頭髮後，用手揉搓一下，就要用清水沖淨。頭髮潤絲後，表部比較收斂服貼，也容易梳理。
・洗髮後應用毛巾擦乾，頭髮怕熱風，用毛巾擦過再用吹風機吹乾。

△不要怕麻煩而不潤絲

市面上的洗髮精有不少是強調洗髮、潤髮雙效合一的，就是爲了嘉惠一般怕麻煩的人。

洗髮後一定要潤絲，因爲洗髮時會將頭髮的油質及養分洗掉，所以要用潤絲補給。有些人屬於油性髮質，常有黏膩的感覺，每天洗髮的機率很大，如果是這樣，最好將洗髮精稍微稀釋過後再洗，洗髮後要充分清洗。然後將潤絲精滴在溫水中攪拌，不斷地灑在髮上，雙手揉搓，然後輕輕用溫水洗過，再用毛巾擦乾。除了市面出售的潤絲精外，稀釋過的檸檬水也可用來潤絲，感覺上很清爽怡人。

△梳頭髮也有學問

妳是不是每天早也梳髮、晚也梳髮？妳知不知道有此一說，每天早晚各梳一百次的頭髮，可以刺激頭皮，使頭髮通氣通風。頭部最容易冒汗，只要經常梳頭髮，就能防止禿頭。

既然梳頭髮與頭部的健康這麼習習相關，以下提供幾點梳頭髮的原則：

- 梳理頭髮一定要用清潔的梳子。有些人梳子上頭髮糾結成一團亂也毫不在意，仍用得不亦樂乎，實在不衛生。梳子用髒後，應以洗髮精洗淨側放晾乾再使用。
- 梳頭髮的時候應該由前而後，由左向右，再由右向左，整個頭部的頭髮都應該梳到。因爲如果光梳表面的頭髮而沒梳到頭皮，就無法改善髮質。
- 梳頭髮時要稍微用力，揮動著手臂梳，才能將頭髮梳順。
- 洗頭髮之前，一定要先梳理過再洗，以免頭髮打結。

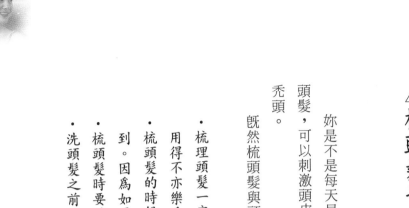

六、美，聞的出來

△依個性選香水

「我只『穿』香奈兒5號（CHANEL 5）睡覺！」相信瑪麗蓮夢露這句驚人之語，大家都記憶猶深吧！必然也可感受到香水創造無限寬廣想像空間的魔力。因此，過去不太受重視，被認爲可有可無的香水，如今有越來越盛行的趨勢。

其實香水的作用是無形的，當妳赴約或外出時，若在身上噴灑一點香水，不僅增加自己無比的魅力，也使別人留下深刻的印象。香水的氣味及品牌極多，以芳香淡雅的香味爲上乘，過濃或過重的香味都會使旁人不快。但無論如何，最重要的還是要配合自己的年齡使用。

一般說來，年輕人最適於使用香味較輕淡的，平常可在身上、髮際、頭巾、領巾邊緣，及脈搏挑動的部位噴灑香水。中年婦女則爲表現清香高雅的氣質，香水應噴灑在衣服裡面或長襯衫的花邊等處。年老的婦人如果在衣襟裡頭噴些清淡的香水，也可以爲單

調的生活增添一些樂趣。

人人都希望選購適合自己芳香的香水。各種香料成分不同，一般而言，茉莉及薔薇等植物性天然香料，通常予人清香、純淨的感受；麝香、龍涎香及海狸香等動物分泌物，則易造成神祕而誘人的感覺。

當妳在選擇香水之前，自己的個性、職業、生活環境以及本身的形象也應列入考慮哦！

香水通常可概略分爲下列幾種：

- 只由一種花提煉而成的香水，例如玫瑰、蘭花、菊花等。
- 綜合好幾種花的特點提煉而成的香水。
- 綠色植物及苔類植物提煉而成的香水，例如檀花木、花梨木等，再綜合些其他的植物。
- 水果的特殊風味提煉而成的香水，如柑橘、檸檬等。

• 加有香料的香水，例如肉桂、丁香等。
• 動物香料製成的香水，例如麝香、龍涎香等。
• 化學原料配製成的香水。

要找出適合自己的香味並不容易，建議妳要多做嘗試，選定之後就不要常更換，讓它成為妳的個人特色。

△香水的使用須知

由於流行之趨勢，香水絕對是妝扮上不可或缺的物品之一，因此到專櫃選購化妝品時，香水往往也在考慮之列。在妳選購香水時，如何聞試是十分重要的。首先要知道的是，不可直接從瓶口聞試其香味，因爲這樣很容易使嗅覺產生痲痺。

欲知香水的確切香味，可滴一滴於手腕脈搏上，聞一次後稍待片刻，再聞一次，共分三次來聞試。第一次聞到的是揮發性的香味，最後一次是殘留於皮膚上的味道，第二次則是介於二者之間的香味。也就是說，第三次是旁人感受到的香味。好的香水，在三次聞試當中，香味的變化較小。

·香水持續的時間

在妳買到心目中理想的香水後，妳對於香水的使用了解多少呢？

香水剛噴出，香味濃郁，大約經過一小時，氣味是芬芳的，在即將消失之前則是淡淡清香。一般香水大致可維持五、六個小時左右，可是台灣地區濕度較高，因此液態香料的有效時間較短。

・香水應擦在什麼部位

香水、化妝水一般都擦在皮膚上面。但香水只要在有脈搏之處，輕擦少許即可，如頸部、手腕等，利用脈搏的跳動將香味發散出來。不過，若皮膚較爲敏感的人，則應避免直接把香水擦在皮膚上。

・噴灑香水後應避免曬太陽

沾上香水的皮膚受到太陽的直射便會發癢，也極可能在皮膚上留下黑斑、雀斑。倘若妳很喜歡使用香水，便可在耳後、手腕內側或腋下灑一些，切勿噴在臉上、手臂等直接照到陽光之處。

△香水的不當用法

香味是看不見、摸不著，與服裝或其他化妝品不同，如果使用不當，身旁的人就要遭殃了。同事小美有蒐集香水瓶的習慣，香水之多自不在話下，只是她經常不分時地的猛擦，常讓辦公室中的同事們薰得招架不住。以下列舉幾項錯誤的香水觀念。

・有許多女性朋友視香水爲昂貴物品，所以平時捨不得用，唯有在特殊場合才噴上幾滴。這種態度有待矯正，因爲香水存放過久，品質會發生變化，酒精也會揮發，如此節約反而成爲浪費？

另外，減少香水瓶中的空間，可以防止香味散失，所以剩下半瓶的香水，可以把它倒進小瓶子中來使用，如此就可以減少損失。

・挑選香水時不可拿起香水瓶就聞，因爲當妳同時聞數種香味之後，鼻子就會疲勞，而使嗅覺變得遲鈍。所以妳必須將香水抹在手腕上，可能的話，還要抹在其他部位，如此才能感覺出眞正的香味來。

• 抹擦香水一定要時、地皆宜才好，否則會弄巧成拙。譬如，探訪病人時應盡量避免帶百合花等具有強烈香味的花，這是考慮避免刺激病人神經之故。即使健康的人，不少人對香味還是有不快的感覺，所以應注意香味的強弱。

• 香水的材料有取自動物、植物，也有以化學合成原料所製成，都含有強烈的刺激性，其中尤以合成香料更甚，所以必須十分小心的使用。過敏性的皮膚或特別敏感的皮膚，碰到香水可能會出現紅疹，遇有這種情形，就得立即停用，否則一定會造成無法醫治的黑斑、雀斑。

△香水在日常生活中的利用

生活情趣俯拾皆是，就連香水除了它的正規使用法之外，還可發揮創意，讓妳在生活中享受香味的樂趣。不過首先要提醒妳的是，香水含有高成分的酒精，所以不能讓它靠近火燭或受到陽光直射；也不可置放於玻璃器皿的陰影處。因爲當太陽光線穿過凸型鏡片的時候，其焦點會產生高熱，如果是黑紙會立即燃燒起來。萬一香水瓶放置的位置剛好是焦點，可能會因受熱而破裂開來。

・即使用到最後一滴的空香水瓶，在一段時間裡仍有餘香飄出。所以，把蓋子打開後放在衣櫃裡，可使衣服留下淡淡香味。

・或在密封的箱子裡和手帕放在一起也可以。如此，可避免直接塗擦香水而引起斑疹的麻煩，且手帕上不時飄出的香氣，令人聞之陶醉。

・由洋裝上散發出來的香味有異於自肌膚發出的，但是直接將香水噴灑在白色洋裝上，很容易留下斑點，提供妳一個方法：熨斗使用過後，在熨斗台上披一層紗布或手帕，上面噴灑香水，再將白色洋裝覆在上面，利用尚有餘溫的熨斗燙平，香味自然就滲入洋裝裡。手帕或領巾等需要有香味時也可利用這種方法。

七、美，洗的出來

△香皂和霜膏的用法

每天在都市叢林中，為了生活衝鋒陷陣，無論是騎機車上下班或在辦公室，皮膚表面上都會蒙上一層肉眼看得見與看不見的灰塵或油垢。當汗水氧化後，就會產生令人不敢領教的酸臭味，汗水所含的鹽分也會使皮膚粗糙。

在忙碌了一天之後，非將臉上的彩妝和污垢完全清除不可。首先要去除油脂，以清潔霜塗在臉上，再用化妝紙拭除，然後以洗面皂仔細清洗。用清潔霜消除污垢，接著用洗面皂清洗，在雙重的清潔攻勢下，臉才洗得乾淨。

洗臉並不是件簡單的工作。

正如洗衣服時，必須依髒污程度或纖維類別而調節洗潔劑用量是一樣的。如果不考慮臉上髒污的程度、肌膚受傷的情況，是不明智的。基本上，臉上化濃妝或污染得厲害時，當然以洗面霜比較好。

臉上只塗有乳液，充其量再打上一點白粉的薄妝，用香皂也足夠清洗乾淨了。而洗時手要輕輕揉搓，以免傷害皮膚。

美顏的要務在於洗臉，最理想的洗臉水應較體溫稍低；水太熱會奪去皮膚裡的水分和油脂，使皮膚粗糙，引起皺紋。

每天洗完臉，以雙手盛起水流，辟辟啪啪的拍臉，拍過後，皮膚的呼吸就能順暢，也可鍛鍊皮膚，使之有彈性、嬌嫩細緻。每位年過二十五的女性都應積極實踐，以維護嬌顏。

△卸妝讓皮膚休息

晚間十點就寢，是保養肌膚最好的方法之一，所謂的「美容覺」指的就是這個。一到這個時刻，應將臉上的妝卸下，擦一點營養霜，皮膚較粗者選擇油脂性，皮膚屬油性者則選擇清爽型來使用，如此將有助於次日能順利化妝。

值得注意的是，欲洗淨臉上的油脂（卸妝），大多數人都懂得使用冷霜或清潔霜（即卸妝品），但若僅止於此，皮膚就會越來越黑，因爲冷霜的油脂還繼續殘留在皮膚中，堵塞皮脂腺和汗腺，阻礙新陳代謝，降低了皮膚的功能。所以，用冷霜卸妝後，一定要再以微溫的水和洗面皀洗一遍，洗淨後，再拍些化妝水或乳液。

如何利用睡覺的時間使肌膚恢復年輕呢？卸妝後在眼睛周圍塗抹一些橄欖油，是保持容貌年輕的方法之一。橄欖油由脂肪酸和古油組成，其中脂肪酸對肌膚具有穩定作用；目前發現以橄欖油和柔軟性化妝水混合使用，對乾燥肌膚更具有保濕作用。

△衛生洗澡方法

洗澡不只爲了清潔身體，同時也是全身按摩的良好機會。這是因爲入浴時血液循環良好，皮膚含水分後和霜劑比較接近，容易產生按摩效果。

如果能從手腳開始擦洗，依次向心臟的方向進行，這就是一種按摩。使用泡棉或刷子自手腳末端向心臟方向刷洗，即能促進靜脈的血行，更能使動脈血液循環趨於活潑。此外，使用有柄的刷子不但能清洗背後肩胛骨等手臂難以到達的部位，同時能給予脊椎兩側神經叢某些刺激，促進全身的新陳代謝。

以下介紹幾種促進肌膚潤滑的美容浴。

·牛奶浴

相傳埃及豔后便是以牛奶入浴，這是相當奢侈的美容法，但是效果絕對卓著，否則哪會有那麼多的英雄豪傑拜倒在她的石榴裙下!?

不妨試試把七至八瓶的鮮奶倒入浴缸裡，再讓全身的肌膚接受浸潤，洗後必會感到皮膚滑嫩無比，心情輕鬆愉快。

．檸檬浴

擠過汁的檸檬，並不是就此成爲廢物，還可物盡其用，除了放在冰箱除臭之外，更可將之切成薄片，丟入浴缸中。每次只需兩個檸檬，就能在沐浴時，陶醉在檸檬的芳香中，消除疲勞，美化肌膚。

．橘子浴

這是屬於民間偏方的一種，實施起來十分方便。在盛產柑橘的冬季，將吃過的橘皮留下，在有陽光的日子將之一一曬乾，以便隨時取用。

入浴之前，把曬過的橘皮裝入紗布中，使之浮在水面上，浸泡之後，不僅全身溫

暖，皮膚也會柔滑瑩亮。但要小心漬灑農藥過多的橘子。

・米糠浴

米糠是自古以來普受仕女們歡迎的美容聖品，最近又再度引起眾人的注意。米糠不但便宜，毫無疑問的，更能美化肌膚。

將大約兩杯米糠放入紗布袋，在浴缸裡用米糠袋摩擦臉、手和腳，可消除皮膚上頑強的角質層。而米糠油能去除人體油質上附著的污垢，使皮膚乾淨平滑。

△出浴時沖冷水有益肌膚保健

有些人會以洗冷水澡或不分季節的游泳來保健身體。如果妳認爲這樣很難做到，那麼至少在出浴時沖個冷水，對肌膚也是很有助益的。

很多人以爲，用冷水洗衣服或洗碗，會使雙手的皮膚變得粗糙，這是錯誤的觀念。由於皮膚會吸收水分，所以用冷水洗手，皮膚絕不會變粗。使用熱水反而容易洗掉手上的油脂，而空氣會迅速地吸收水分，使皮膚乾燥。但是無論使用冷水或熱水，洗完手之後，必須立刻擦乾。

再說出浴時沖冷水是自古即有的沐浴方法。

譬如目前流行的三溫暖，就是把熱燙的身體泡入冷水或溫水裡，其道理和出浴時沖冷水一樣，具有美容上的良好效果。

對皮膚上的急遽加熱或驟冷，其實是對自律神經末端的皮膚冷熱感覺給予刺激，這

對強化自律神經的功能有很大幫助。一旦自律神經強化起來，肌膚對冷熱的調節機能自然能夠活潑，並能保持正常的新陳代謝作用。只是沖冷水時不可過分疾速，以致加重心臟的負擔，應緩慢爲之。

△洗澡刷的用法

洗澡可以說是一天之中最愉快的時刻了，如果有人能幫忙擦擦背、按按摩，更是無上的享受，但很多事是無法盡如人意的，那麼可以考慮使用洗澡的「不求人」——洗澡刷，也能達到不錯的效果。

將洗澡用的刷子沾滿沐浴乳或香皀，針對腳趾、腳後跟、膝蓋、肩膀、手肘、肩胛骨、脊骨兩側、肚臍周圍等部位用力擦拭，不但能清潔全身肌膚，更有益美容，有助健康。

在尚未使用習慣之前，刷子會刺痛皮膚。這時若能增加沐浴乳或香皀泡沫的分量就不致有刺激感。

至於腳底等不會感到刺痛的部位，可於刷洗後再以浮石摩擦。

刷子很容易清潔皮膚，而刷子本身卻很難清洗，不但根部的污垢不容易清洗乾淨，

如果有頭髮糾結在上面，更是理也理不清。

比較好的洗滌法是，雙手各持一把毛刷，在泡有洗潔劑的溫水中相互揉搓；因爲毛刷的毛長一樣，這麼做可以將兩把毛刷的根部都洗淨。揉搓時在泡有洗潔劑的溫水中進行可免污水四濺。

△洗臉戰痘法

如果妳以為臉上長青春痘是件小事，大不了把它擠出來，那就大錯特錯了。因為硬把青春痘擠破，臉上一定會留下疤痕，而變成一張像橘子皮似的痲臉，也就是人們戲稱的「月球表面」了。

要想預防青春痘的生長，或避免它的惡化，最好的辦法就是經常用肥皂洗臉，保持臉部清潔。用不潔淨的雙手或指甲去擠壓，只能使青春痘更加惡化。

洗臉時，要用肥皂泡沫輕輕擦洗，或用治療青春痘專用的洗面劑塗洗，然後再以清水洗淨，盡量保持皮膚的自然狀態。洗臉後的保養工作亦不可過度，輕輕在臉部塗些乳液即可。

當你發現青春痘紅腫或化膿時，不妨以消毒用酒精在發炎部位輕輕擦拭，等到青春痘完全成熟之後，才可以用乾淨的雙手或擠青春痘專用的棒子把它壓擠出來。不過擠出

之後，一定還要塗上具有殺菌效用的敷面劑，以避免再度發炎。

定時敷面也能治療青春痘。敷面不只能促進新陳代謝，對青春痘的遏止也具功效。其目的就是要去除堆積在皮膚內的一些廢物。

敷面的原理，是在皮膚表面敷上一層薄膜，使皮膚內部與外界空氣隔離，這時不停分泌出的汗腋和皮脂因排不出外，就逐漸堆積在皮膚內部而形成了廢物。由於人體具有自然的調節機能，此時皮脂腺會發揮幾倍於平常的功能，將這些堆積的老廢物排出，便不會長出青春痘。不過要注意的是敷面時間不能太久，以免引起反效果。

以下提供兩則簡易敷面法：

• 準備一塊塑膠布，剪去眼、鼻、口等部位，再將塑膠布覆蓋在臉上，同時以熱毛巾覆在其上，熱毛巾要不時更換，做了幾次之後，青春痘應可去除。
• 用麵粉做敷面底，再以柑桔類，如檸檬、橘子、柚子、鳳梨等的水果汁液和成膏狀，塗敷在臉上；過了十至十五分鐘，待其乾燥後，把臉洗淨即可。

和在麵粉敷面底中的有效成分，不僅可取自柑桔類水果，其他如黃瓜、高麗菜、菠菜等新鮮蔬果都含有酵素，可以多加利用。不僅對治療青春痘有效，對黑斑、雀斑、麻臉及黑斑等亦深具療效。

△顏面大掃除

敷面即顏面大掃除，若欲妥善保養臉部皮膚，建議妳利用酵素敷面。

敷面能根本去除臉上的污垢，加上酵素可去除多餘的角質層。相信皮膚會因而充滿旺盛的活力。敷面時間以十分鐘最爲理想，過了十分鐘，由下往上輕輕的擦掉或撕起，然後拍上化妝水，且塗上乳液或面霜。

以下提供幾種自製的美膚敷面劑。

·熱敷面

乾燥而無光澤的皮膚適用。首先將橄欖油加溫到體溫程度，再把一塊寬約三十公分見方，剪去眼、嘴、鼻等部位的紗布，放入溫橄欖油中浸漬。入浴後，先用熱毛巾敷臉，趁著毛細孔充分張開時，將浸過溫橄欖油的紗布面罩敷在臉上；十分鐘後將之取下，再用棉花沾清潔乳擦臉，最後塗上酸性化妝水清潔臉部。

‧蛋白敷面

大小皺紋的皮膚適用。凡事預防重於治療，去除小皺紋也是一樣，發現臉上出現小皺紋時，就要開始設法了。蛋白敷面的方法很簡單，從雞蛋中取出蛋白，用打蛋器將蛋白打到起泡的程度，再用刷子沾起來敷在臉上，乾了再敷，如此反覆兩、三次，最後再用中性化妝水擦拭乾淨就好。如果再塗上含有維生素E的面霜，功效更大。

‧大蒜敷面

疲勞的皮膚適用。當皮膚疲勞、失去彈性時，臉上最容易長黑斑、雀斑及面皰。這種大蒜敷面法可說是最具神效的皮膚刺激法。

將半個蒜頭磨碎，加上一茶匙蜂蜜或橄欖油或一個蛋黃皆可，再和適量的麵粉攪和，放置十二個小時，沐浴後，就可將之敷在清潔的臉上。

大蒜的刺激性很強，敷面時間不宜過長，應視自己皮膚情況而定；一般說來，最長也不超過七分鐘。敷面後，用溫水清洗乾淨，就能去除大蒜的熏味。連續做過幾次以後，肌膚的新陳代謝一定良好，且紅潤有光澤。

·混合敷面

鬆弛的皮膚適用。皮膚鬆弛沒有光澤，是長期累積疲勞的結果，如果置之不理，勢必會形成許多皺紋。

混合敷面法的優點，即能使鬆弛的肌膚恢復彈性和光澤。所用的材料很簡單：蛋白一個、檸檬或柳丁一個的汁液、蜂蜜二茶匙，及以麵粉揉製而成的敷面底。可以外部敷面和內敷的方式雙管齊下。敷面過後，如果再飲一杯熱茶，更能立即消除疲勞，並有助於養顏美容。

△蒸氣美容

人吃五穀雜糧，總有感冒生病的時候。由於身體的新陳代謝功能減低，難免會一臉蒼白，這個時候利用水蒸氣美容法。在臉盆中盛滿沸水，臉上塗營養霜後以水蒸氣蒸臉，同時頭上披上一大塊塑膠布以免水蒸氣跑漏；蓋好後，再用清水洗淨，就會顯得紅潤些。

除了生病時，平時也可利用水蒸氣熏蒸皮膚，促進皮膚新陳代謝，以幫助毛細孔內廢物的排出，增進肌膚的健康。

市面上有臉部三溫暖和臉部美容等相關儀器出售，價格都不便宜。事實上，只要利用家中現成的臉盆及浴缸，就可以做蒸氣美容。做法很簡單，把兩條厚毛巾擰在一起放入容器中，倒入沸水，此時臉部即可靠近冒著水蒸氣的臉盆或浴缸，開始做蒸氣美容。蒸到大汗淋漓時，再在臉部塗上大量營養霜；蒸好後，用冷毛巾敷面數次，以使臉部肌

膚收縮。經過一次保養後，皮膚深處的任何污垢都能去除殆盡，進而形成白皙光滑的肌膚了。

如果妳的頸部有皺紋，妳可以在沐浴時先將該處洗淨，塗上大量營養霜，然後泡在浴缸中，頸部有皺紋的部位暴露在水面上，藉由水蒸氣的效果，使頸部更加柔嫩光滑。使用蒸氣美容須注意水溫，以免燙傷了皮膚。

此時也不妨順便做頸部按摩。這部分的按摩，不僅能使脖子修長美麗，對臉部和頭部的血液循環更有間接良好的效果。如果妳有脫髮、頭皮屑多、面皰、小皺紋的困擾，不妨做自耳朵下方到肩膀的按摩，這樣對臉部肌膚和頭髮生長都有意想不到的效果。

八、美，做的出來

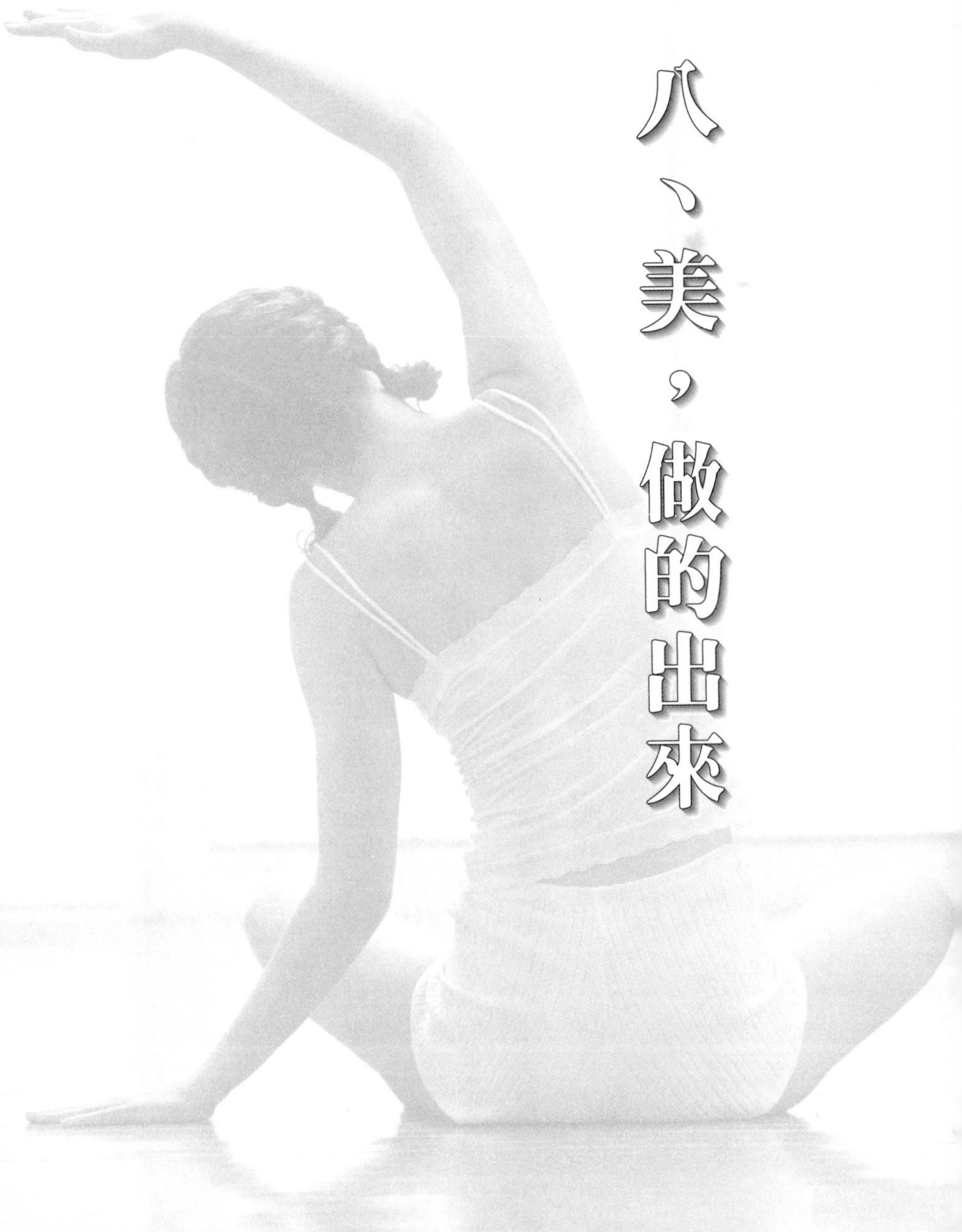

△做家事可減肥保持好身材

運動可以健身、減肥，同樣地做家事也能達到此目的。據研究指出，做家務事每小時可消耗一百二十至一百五十大卡的熱量。而每七千大卡的熱量消耗，可以減少一公斤體重，所以主婦們若擔心中年發福，更努力於將家事做好，不但可獲得家人的感激，還能達到減輕體重的效果，一舉兩得，不妨一試。

以下列出各項日常活動（家事）減輕一公斤所需的小時數：

- 上樓：八小時
- 下樓：二十八小時
- 擦地板：五十一小時
- 鋪床：六十九小時

・烹飪：六十九小時
・整理花圃：三十四小時
・木工：六十九小時
・油漆工：八十四小時

△自己動手刷油漆

ＤＩＹ（自己動手做）是目前十分流行且經濟的方式，尤其是家庭中一些簡單的修修補補；舉凡組合家具、疏通馬桶或修理水電等，如果自己有能力，都盡量避免假手於人，還可以省下一筆開銷呢！

就油漆房子來說吧！工程若非十分浩大，每個人應該都可以輕鬆而愉快的拿起油漆刷。女性在這方面也可不讓鬚眉，只不過方法要正確，免得白忙一場。

擦整間房子時，最正確的方法應是從天花板開始，即由上往下，依序是天花板↓牆壁↓門↓窗戶，如此一來，由上往下的漆，可以重新刷勻。

如果只要油漆一部分的牆壁，或是上下要漆成不同的顏色，這時要將界線漆得筆直，就有些難度了。訣竅是，將不必油漆的部分用紙貼住，紙的四周可用尺量後剪直，剪成直角，然後貼在牆壁上，那麼就可以輕輕鬆鬆的油漆了。做完後撕下紙，便會發現明顯的分界。

比較起來，油漆窗框還算簡單，因爲窗框較細，容易刷勻。問題是在油漆窗框時，很容易滴落到玻璃窗上。一旦發生這種情形，則在燈油中混合砂粒，沾在破布上擦拭，那麼玻璃窗上的油漆很容易就能去掉了。至於沾在手上的油漆也不易洗淨，若使用汽油或松脂油，容易損傷皮膚，可改用少許奶油，塗抹在沾有油漆的部位。用破布擦拭，而奶油不會傷到皮膚，只要在擦拭之後，以肥皀洗淨即可。

刷油漆雖然是件有趣的工作，既可除舊佈新，又可發揮主婦設計的巧思，但卻需要相當的耐心和體力，如果進展至一半就停下，以後的油漆即很難刷勻，所以最好是計畫一天要做的分量，事先將所有要油漆的部分做妥善的分配。

△釘釘子不必用力搥

家裡的擺飾一成不變，絕非一個勤勞主婦的作風。通常每隔一段時間，就會將牆上的字畫、照片及一些裝飾品做些更動，這時就免不了要動鎚子、動釘子。這對於部分弱不經風的女子而言，可謂是困難的差事。

一般說來，女性對笨重的工作比較容易感到吃力。不過話說回來，處理任何一件事，用力不如用腦。就拿釘釘子來說吧！女性多半不是釘不上去，就是釘歪了容易動搖，這該怎麼辦？

告訴妳一個祕訣，先將釘子浸在鹽水中，然後才釘。這樣的釘子會逐漸生鏽，那麼就不易鬆脫了。

如果是搥釘時，釘子不愼掉落，要重新釘在同一個孔中就很麻煩，因爲原來的孔變大了，這時候該如何解決呢？可以在釘子上沾些黏著劑，等到黏著劑乾了之後，就會牢

固而不易搖動了。

還有一種情形是，在灰泥牆上或已經使用很久的油漆牆壁上，不容易釘上釘子，因爲釘不好時會出現裂痕。

提供妳一個方法，就是利用膠紙，先貼在牆壁上再釘釘子，釘好之後，撕下膠紙，就不會在牆壁上留下裂痕了。

這些方法是不是都很聰明呢？做個智慧的女人，用力不如用腦！

△擦出光亮與潔淨

主婦在家免不了要擦擦洗洗，玻璃、器皿、家具、門把之類的，都希望一塵不染，乾乾淨淨才能合乎「美」的要求。如果妳也想成爲一名能幹的主婦，在此教妳幾個絕招，讓妳變成美化家庭的高手。

·玻璃窗

先滴幾滴醋至熱水中，然後用揉成團的舊報紙沾濕擰乾擦，因爲報紙上的印刷油，具有磨亮的效果，所以只要在擦拭後，再以乾布輕拭即可。這種擦拭方法，比起現在噴霧式的清潔劑之類毫無遜色。

·油漆的門窗框

油漆怕水，不但易受雨水的侵襲而脫落，也怕肥皂水。所以擦洗油漆的門窗框時，絕不可使用肥皂水，而要使用冷紅茶。

・鉻製門把

門把是客人來家裡第一個接觸的地方，如果又黑又髒，自然有損主人的顏面，所以磨亮門把是非常重要的。可以將擰乾的抹布，沾上香菸灰磨亮，剩下的步驟只需擦掉灰而已，然後用乾布擦拭即可。因爲菸灰比其他砂紙或菜瓜布質地較細，所以不會傷害到門把，效果絕佳。

・桃花心木家具

用沙拉油擦拭桃花心木製的家具，然後用亞麻布摩擦桌面；或是將沙拉油滴在亞麻布上擦拭桌面，然後再用乾布磨亮，這樣就能增加桌面的光澤，同時也可預防杯底的痕跡留在桌面上。

·皮沙發

家中擁有皮製沙發的實在不少，若是黑色或褐色的沙發弄髒了，雖然不太明顯，但事實上沙發的污垢與桌面的污垢一樣，甚至要比桌面更髒，這時可利用香蕉皮內側柔軟的部分擦拭沙發皮，就能消除污垢，保持沙發的清潔。

△保持皮鞋的美觀

夏季的午后常會毫無預警的下起一場傾盆大雨，讓行人們走避不及，小姐太太們躲雨都來不及，更別說照顧到腳上的皮鞋了。

回到家看到心愛的鞋子被水濺得亂七八糟，有變形的危機，便開始自責，怎麼好好的路不去走，盡挑些水坑來踩？

・漆皮的鞋子最怕雨水浸濕，這時候可以用擰乾的海綿擦拭表面的污垢，再以乾布擦去水分，然後用絨布沾牛奶擦拭。

使用後的絨布不必丟棄，可以放在擦鞋的盒內，擺在門口，每次穿漆皮的皮鞋時，不妨擦拭一下。

・被雨水濺濕了的皮鞋，可將報紙塞進鞋內，吸乾水分，這是家庭中經常使用的方法，但是還有更獨特的方法。濕的皮鞋塞進報紙後，倒立放置，讓其自然晾乾，絕不可放在火爐旁烘乾；待乾燥之後，將馬鈴薯切成一半，用切口部分摩擦鞋子。經過幾小時之後，再以鞋油按照普通方法擦拭，這樣做也可保護皮鞋。

△杯子的清洗

美麗的女主人宴客時咖啡杯、高腳杯之類的玻璃器皿，自然也是精挑細選，十分講究的。只不過等到宴會結束，曲終人散，面對杯盤狼藉的殘局，眞教人頭疼，不知從何收拾起才好。

下面提供妳一些清洗杯子的小技巧：

・咖啡杯與茶杯上的污痕，如果不易去除，可將用剩的檸檬皮置於砂布袋中，並以此擦拭，完全不需使用清潔劑，洗後還能留下清香的檸檬味。

・一些質地極薄的玻璃杯，刷洗時得非常謹愼，否則極容易破碎。清洗的時候，先在洗盆中鋪上一層布，放進溫水後加少許鹽，用海綿擦洗，洗過後再倒熱水，沖淨玻璃杯，倒放在乾布上。倒置玻璃杯瀝乾，就不需使用乾布擦拭了。提醒妳，放置在盆中的布，一定要用麻紗布，因爲麻紗布越洗越軟，不易起毛。

・深口的玻璃杯清洗不易，可以在玻璃器皿內裝一點水，加少許的鹽，搖動瓶身。鹽可以洗淨玻璃瓶中的污垢，連玻璃瓶的外層也可用鹽來擦拭。

・若將同樣大小的杯子套在一起收藏，有時會黏在一起無法拔出，如果太用力去拔它，又害怕會打碎，這時可在杯中裝冷水然後浸於熱水中，黏緊的杯子不久就會自然的鬆脱了。這是因爲熱漲冷縮的原理而形成的。

△享受烹調之樂

有人說，要抓住一個男人的心，先掌握他的胃。所以，做一個有吸引力的女人，廚房的功夫也要有些研究。時下的女孩子有不少是五穀不分，蔥薑不明的，平白失去享受烹調樂趣的機會，當然也削弱自己下廚的權利。想想若妳能做出一道道色香味俱全的佳餚，還有誰不拜倒在妳的石榴裙下呢？

以下提供妳一些增進廚藝的小偏方：

・肉類在水裡煮久了，會變得太老太硬，這時若要將硬肉變軟，可加少許的葡萄酒。不只可加酒，還可應用沙拉油、切細的洋蔥、蒜頭等放在肉塊中攪拌，肉不僅變得柔軟，且香濃美味。

・煎牛排時，由肉中滲出的肉汁，可將其保留，在牛排快煎好時，在肉汁中加一點糖，那麼肉塊很容易焦，就變成漂亮的茶色，盛在盤中淋上肉汁，和餐館中的牛排不相上下。

• 芥菜放置不久就會發乾，而鹽易吸收水分，將鹽與芥菜混合，可預防芥菜發乾；所以攪拌時只需加少許的鹽，即可保持芥菜的水分。

• 廚房新手做湯做得太鹹是常有的事，直覺就是立刻想到加水來補救，可是如果加進水，這鍋湯喝不完了，且味道也會變淡，讓整鍋湯失去鮮味了。此時不如加入馬鈴薯，因爲馬鈴薯會吸收鹽分。

△維持美麗與健康

妳知道嗎？廚房中的剩餘物資，像是檸檬、蛋黃、醋等，都可以用來做爲美容聖品，且比起市面上出售的專用品還來得好用，以下介紹妳幾則既美麗又健康的小偏方。

・夏天大家都喜歡穿涼鞋上街，因此裸露的足跟就成了美容的重點。一般人都知道檸檬可用來敷面，卻很少人知道擠過檸檬汁剩下的檸檬皮，也可以用來摩擦肘部關節與足跟處。

將檸檬切成兩半，擠過汁的檸檬，其圓形恰好可套在肘部與足跟的部位。只要妳將擠過汁的檸檬，養成隨時放在浴室的習慣，就不會忘記去執行了。

・洗頭髮時可以利用蛋黃。跟洗髮精比較，蛋黃不易起泡沫，如果妳因此感到不習慣，那麼不妨加一點洗髮精，就可以適應了，但如果能用天然蛋黃洗髮，當然是最理想不過了。

・洗頭髮之後，用潤絲精沖洗，可保持頭髮柔軟滑潤，但若使用醋來替代，也是不錯的方法。

在沖洗頭髮的熱水或冷水中，加一點醋，然後以冷水、熱水交替沖洗，對頭髮有保養作用。至於醋的味道，用水沖即能消失，不必擔心。

九、美，聽的出來

△善於傾聽有人緣

女人的魅力，並非只靠化妝或是流行的服飾便能達到，還必須有發自內心的良好特質相輔相成，才能成爲人見人愛的新女性。

三姑六婆、長舌婦等是一般人對女性極負面的評價，指這類型的女性好道人長短，即是「有閒講別人，無閒講自己」。

故一群女人湊在一起美其名是互吐生活心事、交換工作心得，實則是坐在一起喝咖啡、聊是非，並且樂此不疲。

如果妳有這種一聊起別人的是非就會侃侃而談，且一發不可收拾的傾向，相信我，妳的危機就要來臨了！

「講別人」若是基於善意，而且對方也樂於接受，則說說無妨；但若是口無遮攔，任意的捕風捉影、加油添醋而傷及他人，如此一來，誰見了妳都會趕快躲得遠遠的。結

果不但會導致自己聲名狼藉，連一個知心朋友也交不到，當妳有心事時也找不到信任的人傾吐。

想想爲了逞口舌之快，而落得如此下場，眞是何苦來哉！

因此，學學傾聽的藝術吧！讓朋友感受到妳貼心的溫暖，這樣妳的人緣必定會扶搖直上。

試問一位廣受歡迎的女性，誰還找得到她醜的部分呢？

△體諒對方的立場

妳是不是常埋怨先生將薪水袋交給自己以後，對於家庭開支就不聞不問了？妳是不是常覺得每次把孩子的教育問題提出來與先生商量，他往往表現出厭煩的神情？妳是不是常生氣先生聽完妳說話時始終毫無反應，對妳完全不加理睬？

根據調查指出，男人下班後在家中所感到最不愉快的事情之一，便是一踏進門，太太就開始喋喋不休，並且將一天所發生的芝麻小事也當作天下大事般，在先生耳邊滔滔不絕，使先生得不到片刻安寧，只好來個相應不理，免得「黃臉婆」沒完沒了地說下去。

當妳不斷埋怨男人的自私時，想想自己是否患了自說自話的毛病？是不是在不知不覺中將自己變成了男人眼中最面目可憎的女人？

太太們的牢騷即使句句屬實，也該察顏觀色選個好時機再說。畢竟先生們經過一整

天的工作後，已經夠疲乏了，如果妳可以體諒先生在外爲生活奔波、爲事業奮鬥的辛苦，以鼓勵與安慰取代無節制的疲勞轟炸，相信先生也一定會感謝妳對家庭的付出，而在他眼中，妳必然是全世界最可愛、最善解人意的女人。

△不要嘮叨不休

「不要和我囉嗦！」因爲這句話，隔壁的吳太太氣得到家裡來跟媽媽哭訴她老公的不是。

據我所知，吳太太是那種不管別人正在做什麼，只顧將她自己所想的盡快地說出來的人，並且話不說完絕不罷休。在朋友的談話中老是搶著發言，並且要強迫別人聽取自己的意見，卻根本聽不見別人的隻字片語。所以，吳先生爲何有如此激烈的反應，我們可想而知。

當一個人身心疲勞之時，不論是多孝順的子女或多疼愛妻子的丈夫，都很難忍受耳邊不斷的嘮叨。

人是很自私的，雖然很清楚雙方的立場，但是當自己站在某一種立場時，往往會失去爲對方考慮的心思，最後仍站在自己的立場，向對方發脾氣。

唯有體貼的話語才能顯出女性的柔美。抱持一顆體貼的心，做一個忠實的聽衆，同時有技巧的引發別人的話題，才不致讓人與妳的談話形成一種負擔。

例如，當妳的先生拖著疲憊的步伐返回家門時，妳必須十分善解人意的選些快樂的話題談談，像是：「今天我做了冰鎮酸梅湯，味道很不錯，你要不要嚐嚐？」僅只這句話就夠了，我相信大部分的丈夫都會願意坐下來暢飲一杯，並給妳一句讚美。同時你們也可以此爲開場白，慢慢地聊出一些有趣的話題，舒暢而優閒的享受兩人共處的時光。

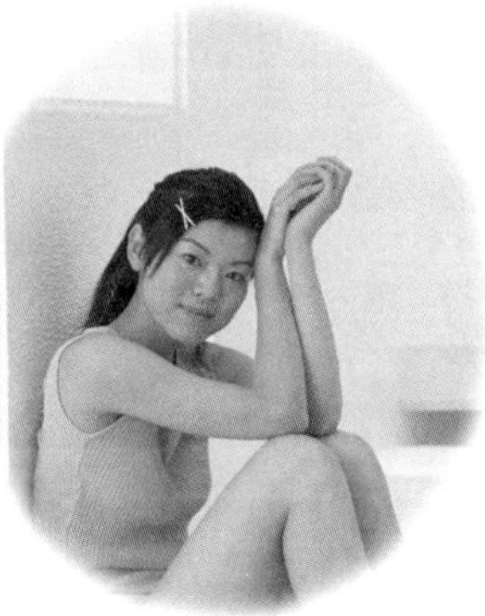

△為了求知多閱讀

美容院是女性十分集中的一個場所，而在那裡所提供的書籍幾乎是一些明星畫報、八卦雜誌或電視週刊等。像這類書刊，偶爾看看倒也無傷大雅；畢竟人的內心多少帶點好奇浪漫的情懷，在日常生活一連串的緊張、競爭、學習、工作之後，看看這種雜誌，讓大腦有機會休息一下也無妨，但若是經年累月的花太多時間與精神在這上面，就未免太沒有意義了。

除此之外，一般言情小說也以婦女爲主要的讀者群，許多人沉迷其中，任由光陰流逝，卻毫不珍惜，徒然將心中的憧憬和期望建築在幻想中，讓人十分爲之可惜。

現代婦女中有些是非常令人敬佩的，她們的求知欲強，不斷閱讀有益書籍，在書香中成長，讓本身的氣質不斷的提升。

一些家庭主婦也不落人後，每個月至少讀一本書，並且定期聚在一起辦讀書會，彼

此交換意見與心得，互相提供內容充實的書，形成一個成長團體，這是個很有意義的活動。

家庭主婦不是只能周旋在柴、米、油、鹽、醬、醋、茶，或是尿布、奶瓶之間，她們將不再是滿口媽媽經，讓人感到言語乏味的一群，相反地，她們因充滿智慧而散發出的美麗光芒，將令人刮目相看。

△多充實自己

心靈貧乏的人是無法擁有自信的美感的。為了增加本身的魅力，應多利用時間閱讀有益的書籍，學習各種技藝充實自己，並保持開朗的心情，讓自己過充實愉快的生活。

現代女性是十分幸福的，拜科技之賜，不需要花太多的時間來做家事——有洗衣機幫忙洗衣服，有電鍋代為炊飯，還有微波爐方便做菜；這些電器能夠節省很多的時間，若是將這些時間用來看電視，未免太浪費光陰了。

現代社會一日千里，瞬息萬變，有許多事物值得我們學習，除了吸收新知之外，在一些技能方面如烹飪、電腦、捏陶、語文等，都是不錯的選擇。

活到老，學到老，只有多充實自我，內心才會富足。試著多元化的培養自己，現代女性不應再迷信「女子無才便是德」的古語，相反地，要讓自己培養接受事物的能力，才不致使自己顯得十分膚淺與貧乏。

△多嘴也是種謊言

有些女人很奇怪，聽到了一段傳言，即使明知道是假的，只要對自己沒有直接的利害關係，就會竭盡所能、唯恐天下不亂似地以一種好奇、新鮮、有趣的心情去聽它，並加油添醋的去傳播它。例如，看到一位年輕的女孩與上了年紀的男人在一起，便想入非非，咬定他們之間一定有什麼不可告人的關係存在，這樣的心態十分要不得。

由於工作的關係，職業婦女的社交範圍越來越廣闊，人與人之間的來往越來越密切，各種流言也就因應而生。如A說B如何如何，甲又說乙怎樣怎樣等，蜚短流長，謠言滿天，身陷其中的妳是否也有些不知所措呢？

閒談莫論人非，是女性的美好品德之一。所以，若是將這些流言句句聽到耳裡，記在心頭，那麼必然會存有成見，對被談論者會有個人主觀的看法。因此，奉勸妳對於這種傳言最好一笑置之，切莫放在心上，更不應以訛傳訛。

換句話說，我們對於是非流言所應採取的態度，首先就是沉默，使這些無謂的話題就此終止，而無法繼續流傳下去。如果有多事的第三者來旁敲側擊，想要打聽些什麼，最好也以沉默或不知道輕輕帶過。萬一必須解說幾句時，也只需說出妳認爲可信的部分，至少妳本身不要變成是非的傳播者。千萬不可讓自己變成搬弄是非的女人，平時必須謹言愼行，培養對事物清晰的洞察能力，才不致讓自己變成人云亦云、毫無主見的應聲蟲。

妳一定有過這樣的經驗：一個賞心悅目的美女，一開口，所說的話盡是些毫無根據的胡言亂語，刹那間對她的好感頓時墜入谷底，再也不覺得她漂亮了。身爲女性應該引以爲戒，並在日常生活待人處事時多加注意。

△問東問西惹人嫌

有的女性朋友眞的很有「本事」，常常在與人稍有認識而還不太熟悉的時候，便勇於發問：舉凡對方的家庭狀況、經濟情形、薪水多寡等等。

更令人啼笑皆非的是，許多人僅僅是萍水相逢，認識還未超過一小時，便已打聽出對方的家庭，先生的職業，住多大的房子，幾個小孩，上什麼學校，對方身上所穿的衣服在哪兒買的、值多少錢，一個月薪水多少，家庭收支情形……實在不是普通的「厲害」！卻不管對方是否樂於接受如此詳盡的「偵詢」。

現代人極爲重視個人隱私，毫無尺度的打探別人私事，來滿足自己的好奇心，是非常沒有禮貌的。

我們選擇話題，本來就該考慮是否能引起別人的共鳴，對方是否樂意傾聽，是否感到興趣，這些都是談話的先決條件。

一個具有常識的女人，在選擇談話題材時，必會先考慮對方是否有興趣，是否談得投機而感到愉快。

如此一來，別人才會樂於與妳交談，並在妳的言談中，聽出屬於妳的獨特愛心和美麗。

△說 Yes、說 No、說 Thanks

在男女平權，女性經濟追求獨立的現今社會，女性到處與客戶洽談、協商的情形已不足爲奇，但仍有許多女性儘管在公司辦事勤快、賢淑，卻跨不出門檻，一到外面談事情，就變得慌慌張張、唯唯諾諾。

要知道，一旦妳回答：「是，我知道了。」就必須確實履行。因此，在說 Yes 之前，務必將工作的內容清楚地記在腦子裡，拜訪客戶的目的也要先確認清楚。出門前，檢查一下自身的裝扮；不管處理公事或打扮，都應顯現成熟女性的風範才有說服力。

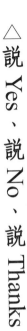

在職場中，有些女性常不由自主的扮演起「好好小姐」的角色，對於「No」字很難說出口，所以無可奈何的接下許多自己做不到的工作，結果弄得筋疲力盡卻又一事無成，十分遺憾。

沒錯，在辦公室裡與人說「No」的確不是件容易的事，可是如果碰到眞的做不到的事時，還是得適時說出來，如此才能博得信賴。

常言道：「禮多人不怪。」人際關係會因時間而變得互相習慣，彼此越來越親密，卻漸漸失去了應有的尊重和禮貌。

在辦公室裡同事有時會端杯茶、沖杯咖啡給妳，一定要自然地脫口說聲：「謝謝！」不要輕易忽略道謝，再熟稔的知交，也不能將別人對妳的所作所爲視爲理所當然。畢竟別人是基於好心才爲妳服務的，妳無論如何都該心存感激才是。

△發揮聲音的魅力

如果妳有收聽廣播的習慣，妳就不難發現聲音所提供的想像空間及魅力。

我們常發現一些容貌姣好、衣著入時的漂亮女孩，不說話則已，一說起話來就讓人直搖頭。倒是有些面貌普通，但說起話來不疾不徐、清晰自然的女孩給人舒服的印象。所以，若想自己更迷人，除了一切外在條件，還得注意聲音的表現。

仔細聽聽自己說話時的音量、速度、清晰程度、音調變化和使用的詞彙，如果聽到的聲音及內容使自己感到不快，就需要做些簡單的聲音練習了。

若想使自己過於輕柔的聲音變得簡潔有力，可以坐直身子，頭抬高，面向遠處某定點高聲說話；若想壓抑過高的聲調，應先放鬆心情，想一些熟悉的音樂旋律，並且練習使用輕聲細語。

如果妳說話總是太慢或有氣無力，可以在心理上製造些興奮情緒。如果妳說話太快，就要先了解原因：是因爲個性太急？還是擔心別人對妳的話題不感興趣，所以趕快交代了事？

如果妳說話時常開頭音量很大，最後幾個字卻講得含糊不清，像說在嘴裡似地，在咬字方面就要加強練習，尤其尾音更要唸清楚。

要知道聲音的技巧，後天的訓練遠比先天的稟賦更重要，妳若想使自己更富魅力，一定要留心妳的聲音。

△如何使自己健談

妳是否很羨慕別人能夠暢所欲言、滔滔不絕的與人交談，且臉不紅、氣不喘的？常常埋怨自己口拙的妳，是否曾想過，自己說話的障礙來自何處？還是因爲怯場呢？

以下提出幾則消除怯場的方法：

・用比平時大的音量，爽朗地說話。

・在還沒有變得膽怯之前趕快發言，只要開始說話，就用心在內容上，其他的什麼也不要去想。

・找出自己的優點，說給自己聽、替自己打氣。

・暫時拋開想出鋒頭或一些名利得失的念頭，因爲這些念頭往往是怯場及失敗的原因所在。

簡單的說，怯場常是因太吹毛求疵、太鑽牛角尖的緣故。環顧我們周遭的人，多少都有些自卑感，但是這些被自卑感所牽絆的人當中，仍不乏成功者。所以不要緊張，所謂的「口才」、「健談」，也是在失敗及經驗中不斷求進步而來的。

說話無法隨心所欲的人，只要能說出幾句自己覺得很好的話就夠了，不要因爲周遭的人個個能言善道就小看了自己，畢竟努力想把話說好的眞誠，比起裝模作樣、口若懸河更能打動人心。

△讓人願意聆聽妳說話

要讓別人聆聽妳，其實不是件容易的事。

如果妳說起話來毫無重點、拖拖拉拉，不斷的然後、然後，客氣點的聽衆會假裝頻頻看錶來暗示妳，惡劣些的會當妳的面故意猛打呵欠，這些暗示、明示都清楚的表達出對妳言語乏味的抗議，不願再聽下去。

如果妳連自己做過的事也無法描述清楚，總是說些沒頭沒腦或互不搭軋的話，那麼聽妳說話的人一定會十分辛苦且萬分痛苦，甚至他連妳說的話題都毫無興趣。爲了讓對方願意聽下去，就必須在表現方式和話題上下功夫。

舉個例子來說，在男性眼中，一般女性的言談多半偏重於軟性的話題，因此當他們發現周遭的女性之中，有某一個談吐較爲硬性、較爲特殊者，便趨之若鶩，認爲她「有氣質」、「不俗」、「思考力強」。

所以，當妳和人交談時，首先應觀察對方是屬於那種人，偏好什麼話題，才不致產生話不投機的窘境。

說話的技巧是由經驗累積而成，多與人交談，並注意對方的反應，便能培養出高明的會話能力，而旁人也會因而願意聽妳說些什麼。

十、美，笑的出來

△真摯的微笑

詩人雪萊說：「笑實在是仁愛的表達，快樂的泉源，親近別人的橋樑；有了笑，人類的感情就溝通了。」

快樂的笑容就像一道和煦的陽光，燦爛而溫暖，如果妳常面帶微笑待人，相信在人們的眼中，妳就是最耀眼且受歡迎的可人兒。

現在是個服務業十分發達的時代，基於顧客至上的理念，我們在一天之中，很容易接受來自各方的「職業性的笑容」，既有禮貌又甜美，並且「精確」。但卻好像缺了一點什麼。

這是因爲他們的微笑與溫柔是遵照公司的章程與規定行使的，於是只求符合公司要求而做的表面工夫而已。

其實被服務的人所希望獲得的並非職業性的微笑，而是她們微笑背後的體貼心理。

相對地，服務人員若對於本身的工作缺乏敬業的精神，就會表現的不夠眞誠，笑起來自然就少了一股親切感。

有人比較哪家航空公司的空服員較漂亮？哪家航空公司的空服員最美麗？我說是臉上常掛著由衷的笑意的那家便是最好的。

△情感的表示

所謂「冰山美人」，美則美矣，但臉上始終是高傲漠然的表情，久而久之，即便是天生麗質難自棄，卻也不免遭人嫌棄，再也不覺得她的美麗何在。

女人必須像一個女人，並且需要具有女人的特有的溫柔個性以及體貼的心思，同時顯得溫順、惹人喜愛，這些可愛的舉止必能增加風韻。有人說：「愉快的臉色，可使一盤蔬菜變成一桌酒席。」由此可見，適當的流露出情感，也是女人美麗的一種表現。

要想自己成爲吸引人的女性，除了在化妝與服裝方面要多加注意外，培養令人喜愛的氣質，增加自己內在的魅力，才是積極的態度。

有些女人喜歡擺出一副高姿態，以顯示自己的與衆不同，並且待人時冷若冰霜，而對愛慕自己的異性，更是拒人於千里之外，吝於對待自己友好的人表示善意的情感回應。像這樣的女人，儘管她有天使般的臉孔，卻只會讓人感受到她鐵石般的心腸而已。

△禮貌、直爽、開朗

都會地區地狹人稠，於是高樓就越蓋越高越緊密，在現代化的大廈或是公寓式的建築中，居住著許許多多的人，可是人與人之間的疏離感卻越來越大。每天搭同一部電梯上下的熟面孔，彼此卻連點頭、微笑的禮貌都沒有，只是繃著一張臉各做各的，更別妄想這些同一屋簷下的人們，有一天會直爽毫不矯飾的交談。

由於女人的保守性格，總認爲與人交際以及與左鄰右舍來往是件麻煩的事。年輕的婦女更是討厭和鄰居社交，寧願過著孤獨的生活，也可省去與旁人說長道短的嘮叨一些有的沒的，因此大家爲了避免麻煩，都盡量少打交道。

但遠親不如近鄰，在「社區主義」逐漸抬頭的今日，身爲主婦也有義務在平日積極重視鄰居間的和睦。何況天有不測風雲，人有旦夕禍福，萬一有了重大事件發生，彼此才有照應，畢竟守望相助才是鄰居之間最高的情誼表現。

一般說來，只要妳和氣待人，彼此互助，妳便會發現有不少人其實是很熱誠的，只是不好意思先跨出第一步而已。

人與人之間應努力築橋而非砌牆，有了良好的溝通管道，在一段時間讓彼此熟悉之後，說不定還能找到幾位和自己志趣相投的知心朋友呢！

做好敦親睦鄰一點也不難。首先，妳要有適度的禮貌和誠懇的態度，一張帶有微笑的面孔。只要具備這些條件，旁人一定也能感染到妳的親切，並願意打開心扉迎接妳。

△機智風趣的談話

一般年輕人都喜歡參加「派對」，因爲在派對中有許多認識或不認識的人，只要氣氛愉快，都能讓人盡興在其中，達到彼此交誼的目的。

「派對」之所以吸引人，在於提供機會讓與會的朋友能暢談生活上的點點滴滴，交換思想意見，也可隨著旋律互擁起舞，結識許多朋友。

可是有些女性朋友會問：「我參加過各種『派對』，譬如慶生會、喬遷、紀念日、耶誕夜等，卻始終坐冷板凳。是不是我缺乏魅力？不能吸引人與我交談？」

關於這個問題，首先我們要知道，人際關係中第一印象占了舉足輕重的地位，只要給初次見面的人留下好印象，就是踏上了今後順利交往的跳板。

因此，妳不妨回想妳在以前每個「派對」中的表現，是否過於「閉塞」而讓人望之卻步。

大多數的人都認爲活潑、開朗是最具魅力的第一印象，魅力絕不會從陰沉、抑鬱的神情中產生的。

相對地，如果妳個性開朗、隨和，說起話來坦率又幽默，旁人也必定會受到感染，愉快的與妳談笑，在不知不覺中感覺到妳是個可愛的朋友。

△美就是臉上掛著笑容

常看到一些年輕的女孩，或許是少不更事，不懂人情事故，往往我行我素，臉上的表情也總是令人難受。例如噘嘴、皺鼻、吐舌或嘴角向一邊斜撇，一副對凡事都嗤之以鼻的高傲模樣，非常不莊重也不討人喜歡。

另外，有些女孩不笑則已，一笑就喜歡用手掩口，這個動作看似優雅，其實並不合宜。笑，原是開朗的魅力表現，坦誠的笑可以使對方感動，吸引對方的心，以手掩面不就是想掩蓋自己本來的面目嗎？即使妳自認爲笑容不美，或是怕別人見到妳咧開大嘴的樣子而遮遮掩掩，還是會顯得不夠率眞。如果是在意自己的牙齒有缺陷、不好看，則應趕緊去看牙醫，加以矯正。

常保持笑容的女性，看起來更爲開朗、純眞。千萬不要認爲臉上始終掛著微笑就好像卸除了外在武裝，使自己毫無防衛的暴露在大家面前。事實上，笑容代表妳的禮貌與關懷，會留給別人美好的印象。

經常露出微笑的人，即使沉默寡言、態度拘謹保守，仍能吸引人。例如，在談話時，如果妳非常熱心、滔滔不絕，而對方一笑也不笑，那麼妳一定很失望吧？相反地，如果對方對妳的每一句話都露出深感興趣的微笑，妳必然會談得更愉快。

微笑是一種更勝過語言的言語。心中時常想著快樂的事情，就能常記起微笑時的表情，這種放鬆臉上肌肉的訓練是十分重要的。能夠從自己內在創造快樂心情的女孩，大多是笑臉常開的，因此也一定有開朗、生動的魅力。

△怎麼笑才美

嘴角兩端平均地向上翹起，這是美麗笑容的一大要訣。如果妳發現自己微笑時兩嘴角並不是平均上翹的，那就得好好訓練才行。如果只拉起嘴角的一端微笑，會給人虛僞的感覺；而吸著鼻子冷笑，更會令人感覺陰險，都不能留給別人好印象。如果嘴角兩端下垂，則看起來非常嚴肅、古板又頑固，女孩子臉上實在不宜出現這種表情。

露出笑容時，若故意瞪大眼睛，裝出自認好笑的笑容，因爲不是發自內心的快樂笑容，在旁人的眼裡是絕對不美麗的。笑容唯有出自內心才是眞實的，當妳快樂、感激或幸福時，都會自然流露笑容，這是勉強不得的。

模特兒和演員都很了解笑容的特徵，並且隨時訓練自己露出最迷人的笑容。妳是否了解自己的笑容具有哪些特徵呢？好好地照照鏡子研究研究吧！試試一面唸國語「七」的發音，一面用力抬高嘴角兩端。

〈附錄〉聽聽別人，想想自己

名家眼中的女人

・地球上最高貴的東西，是完美的女人。

——莎士比亞

・女人是最美麗的魔鬼，沒有人能夠猜透她們的心。

——莎士比亞

・女人的愛像她們的愛一樣，不是太少，便是太多。

——莎士比亞

・稱讚恭維是討好女人的祕訣，儘管她生得又黑又醜。

——莎士比亞

・女人的思想比她們的行動跑得快。

——莎士比亞

・美貌使她們驕傲，貞節使她們聖潔，美德使她們受敬仰。

——莎士比亞

•若女人肯停止說毫無意義的話，她們就可以免去一半的憂慮。

——莎士比亞

•名譽是處女的唯一光榮，貞節是婦人的最大遺產。

——莎士比亞

•少女們什麼都不要，只要丈夫，但當她們得到丈夫之後，卻又什麼都要。

——莎士比亞

•女人正像她們的容顏一樣溫柔與纖弱，是經不起摧殘污損的。

——莎士比亞

•弱者，妳的名字是女人。

——莎士比亞

•女人只有兩種：單純的與著色的。

——莎士比亞

・女人是被愛的，不是被人了解的。
——王爾德

・女人與象，是絕不健忘的。
——王爾德

・一個絕頂聰明的女人，不一定能操縱一個愚笨的男人。
——王爾德

・奉承女人的男人，根本不了解女人；虐待女人的男人，了解還不夠。
——王爾德

・男女因誤會而結合，因了解而分開。
——王爾德

・男女間只有愛情而無友誼。
——王爾德

・男人喜歡女人撒嬌，因爲撒嬌也是女人的一種媚態。

——毛姆

・男人了解女人多於女人了解男人。

——毛姆

・一切令人痛心的事，再沒有比我們漠視女性的莊嚴優美更甚了。

——毛姆

・世界上有很多可愛的女人，但卻沒有一個完美的女人。

——雨果

・男人的錯誤由於自私，女人則由於她們柔弱。

——雨果

・女人對於她們不知道的事情，總要隱蔽。

——雨果

・一個會把眞正年齡告訴你的女人，她是什麼話都會講給你聽的。

・女人如果想指揮她的丈夫，只有一個祕訣，就是順從他。

——雨果

・女人最大的過失，是希望像男人一樣。

——蕭伯納

・女人之需要男人，最初是因爲要完成「自然」的任務，後來是因爲男人有用，可以做工。

——蕭伯納

・少女的戀愛像空中游絲，飄到哪裡算哪裡。

——蕭伯納

・女人有一句讚美她的話便可以活下去。

——拜倫

・男人，他們裡面最好的只能受苦一時，而女人呢？卻能忍受一世。

——拜倫

- 最足以顯示女人性格的是盾。

——拜倫

- 女子重視愛情甚於她的生命。

——嘉麗夫人

- 女人的純正飾物是美德，不是服裝。

——嘉麗夫人

- 女人的最珍貴飾物是美德，不是鑽石。

——蘇格拉底

- 女人的靈魂活在愛裡。

——蘇格拉底

- 每一個女子的心，好似用同情的墨水寫成的一封信；在這信上面，看來充滿著熱情。

——茜妮亞

・去感覺，去愛，去忍受，去奉獻自己，將永遠是一個女子的生活內容。

——席蒙

・做女人眞是非常困難的事，因爲她的主要任務是對付男人。

——巴爾札克

・女爲悅己者容。

——陶格拉斯

・一個女人的最大榮耀是很少爲男人談及，不論是好的或是壞的。

——中國俗諺

・女人們都徹底地明白，她們越是似乎服從，則越能支配人們。

——伯里克爾

・女人和狐狸，雖然是脆弱，但以高度的機敏聞名。

——密卻里

——培恩

・女人饒恕傷害，但從不忘記羞辱。

——毛姆

・女人像你的影子一樣：你追她，她跑了；你躲她，她又追來了。

——毛姆

・女人的眼淚比她的美麗還要誘人。

——肯拜爾

・除非是出於天賦的聰明；否則有貌的女人極少同時有才的。

——愛默生

・女人通常較男人少一些對外的興趣，所以她們的天性只限於自己一、二個人。

——泰伊稱

・女人的舌頭，是在她整個身體中最後停止活動的地方。

——泰戈爾

・女人總有一些心裡的隱私。

——蒂竹凱

・全部都美的女人沒有給上帝造出；女人有一個地方美，就可以算是美的了。

——阿拉斯特

・女人較男人聰明，因爲她們知道得較少而領悟較多。

——史蒂文生

・女人的忠告實在是無關輕重，但是不接受她們忠告的男人，都是胡塗蟲。

——門福

・一個女人在男人群中保護貞操，比她在女人群中保持好的名譽，要容易得多。

——富蘭克林

・女人的美麗，使我的字彙發生恐慌。

——路易士

・女人身上藏著一個奴隸與一個暴君；所以女人不了解友誼，她只了解愛情。

——席勒

・天下沒有醜女人；只有一些女人她們不懂得怎樣才能使她們看起來漂亮誘人。

——雷頓

・女性的靈魂在於眼。

——伊麗莎白

・受到多位求婚者包圍的姑娘，往往會選擇一個最壞的男人。

——格雷斯

・對金錢與女人切勿貪得無厭。

・女性是共通地有著她們不成爲祕密的祕密。
——萊亨脫

・男子在女性面前都是殷勤的傢伙。
——泰勒

・對於男子的甜言蜜語，妳相信三分之一就好了。
——格爾

・女人永遠處在極端——不是比男人更好，便是比男人更壞。
——莫泊桑

・女人有時可以讓人欺騙她的愛情，但卻永遠不願讓人損傷她們的面子。
——布律耶爾

・美麗的婦人只是一種飾物，善良的婦人則是一種財寶。
——小仲馬

——塞娣

・女人在世界上的職責包括：做女兒、做姊妹、做妻子與做母親。

——斯底爾

・女人的愛寫在水中，女人的信念留痕在沙上。

——艾頓

・一個美麗的女子是一顆鑽石，一個好的女人是一個寶庫。

——薩提

・女人像蘆草，會在微風中搖曳，但在暴風雨下也會被摧折。

——惠特利

・熄了燈，所有的女人都美麗。

——蒲日塔克

・女人是一種反覆無常與善變的東西。

——威吉爾

・女人的社會是禮儀的基礎。

・女人不是愛便是恨，她們不懂中庸之道。

——歌德

・上帝使女人美麗，魔鬼使女人撫媚動人。

——西勒

・觸犯了她，她不知原諒；辜負了她，她將會恨你一輩子。

——維克吐赫格

・女人的是與否之間不容一針。

——波普

・男人認為戀愛在於求增進性的滿足；而女人卻把性的滿足做為取得愛的手段。

——西萬提可

・男人忍受痛苦，認為那是應得的刑罰；女人接受痛苦，認為那是自然的

——席勒

遺產。

——托爾斯泰

•我們該讚揚女人們的不是生理上享樂的對象，而是人生事業中的同志助手。

——坎脫林

•世界並無所謂危險的女人，僅有疑神疑鬼的男人。

——安娜法蘭克

•慧美的女人，必得尊貴；勤勞的男子，必資資財。

——舊約箴言

•上帝放進了男人的心裡是愛和追求的勇氣，放進女人的心裡是怕和推卻的膽力。

——左拉

•男人的幸福是「我要」，女人的幸福是「他要」。

・信不信由你：女人們相信她們了解男性的程度，比男人自己還要清楚些。

——尼采

・上帝創造女人，不一定要使人人敬仰，只使她能得對方快樂。

——里爾

・女人只知道一種幸福，愛而被愛的幸福。

——貝克

・關於女人，雖然我們輕蔑嘲弄她們，但我們不能脫離她們而生存。

——德巴里亞

・對於一個女人，再沒有比一個她不感興趣的男人的要求更難於忍受的。

——雷諾爾茲

——奧理略

男人對美的定義

• 内部有了純潔無瑕的心靈，外表才會發出閃爍的光明。

——莎士比亞

• 美麗比黃金更容易招引盜賊。

——莎士比亞

• 容貌於事業無補。

——莎士比亞

• 美麗乃造物者賜給女人的第一件禮物，也是祂第一件奪走的東西。

——莎士比亞

• 如果能做天空的星星，就做天空的星星；如果做不成星星，就做山上的燎火；如果做不成燎火，就做家中的一盞燈吧！

・人，對於自己保有的事物，往往總是偏愛。

——莎士比亞

・華貴的衣服穿在心腸污濁的人身上，顯得更醜惡。

——富蘭克林

・「美」的欣賞，是可以意會而不可以言傳的；這是隨各人的心境志趣嗜好而不同。

——富蘭克林

・誘人和美麗的事物，未必是善良的；善良的則總是美麗的。

——富蘭克林

・上帝使人美麗，魔鬼使女人嬌豔。

——王爾德

・如果每一個女人都長得合乎美的條件，則人類就未免顯得太平凡了。

——王爾德

•心靈純潔的人，生活充滿甜美與喜悅。

——蕭伯納

•我祈求上帝來一個奇蹟使我變得漂亮，我願以我現有的一切和將來可能有的一切去換取一個漂亮的臉龐。

——托爾斯泰

•美麗極少給女人贏得另一女人的好感。

——托爾斯泰

•寧願面貌醜陋，不願思想醜陋。

——爾菲亭

•絕對與完全醜是很罕見的。

——艾利斯

•美德好比豔麗的寶石，如果鑲嵌得雅淡，就會顯得更有丰姿。

——羅斯金

・美貌倘若生於一個品德高尚的人身上，當然是很光彩的；品性不端的人在它面前，便要自慚形穢，遠自遁避了。

——尼爾

・矯揉造作，失去眞實的不是美；充滿了富貴榮華的名利思想，也不是眞美。

——培根

・除眞摯心靈外，再無高貴之儀容。

——孟德斯鳩

・人世間最美麗的情景是出現在當我們懷念到母親的時候。

——拉斯金

・創造一個完美的人，比建築一座華美的高樓或寺院更難得多。

——莫泊桑

——約翰魯斯金

・要向善美方面高歌，不要向壞的方面狂吠。

——愛默生

・除眞摯之心靈外，再沒有高貴的儀容。

——拉斯金

・我們欣賞「美」的作品，要領悟作者的心境而和他的心聲發生共鳴，轉變自己的思想、性格、情緒爲理想的人生而奮鬥，這樣就能有完美的創造了。

——無名氏

・美的事物是永恆的喜悅。

——拜倫

・青春是女性的資本，美麗卻是女性的武器；在情場上，如果僅有青春而沒有美麗，等於商人在商場上僅有資本而缺乏經營的手腕，同樣會陷於失敗的。

・美而無德，猶如沒有香味的花，虛有其表。

——海菲

・瑣物可以形成完美，但完美卻不是瑣物。

——狄福

・記住，世界上最美的東西，也就是最沒有用處的東西，孔雀和百合花便是例子。

——米開朗基羅

・美貌是女性在情場上俘虜男人的最有力的武器。

——羅斯金

・美人的眼淚比她的微笑還可愛。

——無名氏

・內在美通常比外在美更顯出高貴。

——肯貝

• 情人眼裡出西施。

——歌德

• 並非所有的發光體都是金子。

——中國俗諺

• 擦亮的黃銅比砂金更容易迷惑人們的眼睛。

——西萬提司

• 創造一個完美的人，比建立一座華美的高樓或寺院更勝多多。

——奇斯特菲爾德

• 美麗的外表是無言的介紹與推薦。

——約翰魯斯金

• 美就是真理，真理就是美。

——吉慈

國家圖書館出版品預行編目資料

做一個水水的女人／張麗君著.
初版－－台北市：宇河文化 出版
紅螞蟻圖書發行，2006〔民 95〕
面　　公分，－－（健康百寶箱；63）
ISBN 957-0491-559-2 (平裝)

1.美容
424　　95009217

健康百寶箱 63

做一個水水的女人

作　　者／張麗君
發 行 人／賴秀珍
榮譽總監／張錦基
總 編 輯／何南輝
特約編輯／林芊玲
美術編輯／林美琪
出　　版／宇河文化出版有限公司
發　　行／紅螞蟻圖書有限公司
地　　址／台北市內湖區舊宗路二段 121 巷 28 號 4F
網　　站／www.e-redant.com
郵撥帳號／1604621-1 紅螞蟻圖書有限公司
電　　話／(02)2795-3656（代表號）
傳　　眞／(02)2795-4100
登 記 證／局版北市業字第 1446 號
港澳總經銷／和平圖書有限公司
地　　址／香港柴灣嘉樂街 12 號百樂門大廈 17F
電　　話／(852)2804-6687
法律顧問／許晏賓律師
印 刷 廠／鴻運彩色印刷有限公司
出版日期／2006 年 7 月　第一版第一刷

定價 200 元　　港幣 67 元

ISBN 957-659-559-2　　Printed in Taiwan